DE LA VIVISECTION

ERNEST BOSC

DE LA
VIVISECTION

ÉTUDE PHYSIOLOGIQUE, PSYCHOLOGIQUE ET PHILOSOPHIQUE

HISTOIRE
VIVISECTION ET SCIENCE
EXPÉRIENCES MONSTRUEUSES, CRIMES ET INFAMIES
DÉCOUVERTES DE PASTEUR, MICROBICULTURE
INCERTITUDE, CONDAMNATION, TREMPLIN
DROITS ET SCIENCE
PHILOSOPHIE
MORALE

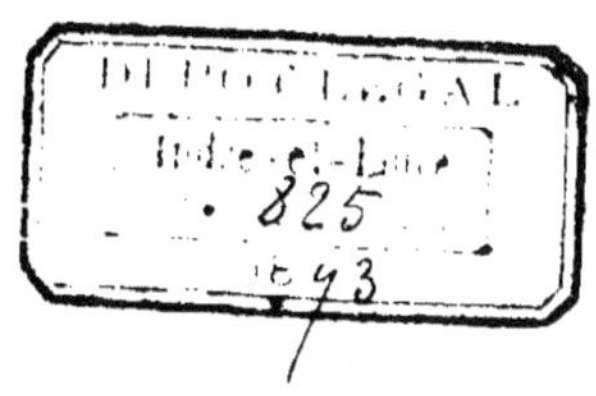

PARIS
CHAMUEL, ÉDITEUR
29, RUE DE TRÉVISE
—
1894

AVANT-PROPOS

Dans ces dernières années, on a beaucoup écrit sur la vivisection ; son utilité a été tour à tour défendue et contestée, car, si cette méthode d'investigation a beaucoup de partisans, elle a également de nombreux adversaires.

Au milieu de toutes ces polémiques, il est bien difficile de connaître la vérité, et celui qui voudrait se faire une idée juste sur la question éprouverait de grandes difficultés : il lui faudrait, en outre, lire un nombre d'ouvrages considérable.

Or, ce que peut faire l'homme de science, un lecteur ordinaire ne saurait s'y résigner ; il lui faudrait donc trouver une œuvre impartiale, froidement écrite, d'une science facile, et résumant les débats sur cette importante question.

Une telle œuvre n'existe pas : à quoi cela tient-il ?

Mon Dieu, la raison en est bien simple, bien banale, pourrions-nous dire : c'est que tout ce qui a été écrit sur la vivisection l'a été par des gens passionnés ; d'un côté les vivisecteurs ont défendu leur cause, leur *champ d'exploration* : de l'autre, leurs adversaires se sont efforcés de démontrer l'inutilité d'expériences, bonnes tout au plus, disent-ils, à engendrer des idées de cruauté chez les physiologistes expérimentateurs.

Dans une question aussi brûlante, il ne pouvait guère en être autrement ; en effet, quand une science apparaît tout à coup au milieu d'une civilisation qui se croit avancée, elle surprend les masses, soit par sa nouveauté, soit par ses résultats étranges, soit enfin par une originalité quelconque : mais, comme elle vient toujours déranger les idées de la foule, elle rencontre des adversaires plus ou moins nombreux et plus ou moins acharnés.

Tel a été le sort de la vivisection, dont l'origine, quoi qu'on dise, n'est pas aussi ancienne que d'aucuns le prétendent, comme nous allons le démontrer bientôt.

Dans le nouveau travail que nous présentons à nos lecteurs, nous étudions la vivisection en écrivain désintéressé, c'est-à-dire avec impartialité : nous examinons les avantages et les inconvénients qu'elle présente : en un mot, nous étudions s'il faut conserver les expériences vivisectrices ou demander leur abolition partielle ou totale.

Dans la présente étude nous nous plaçons en dehors des combattants, au-dessus des partis : et, après avoir entendu les bonnes ou les mauvaises raisons, le pour et le contre, nous donnons nos conclusions impartiales, de sorte que tout lecteur de bonne foi pourra, après nous avoir lu, se faire une juste idée sur cette question qui, au point de vue social, est d'une gravité extrême. Il y a en effet, dans la vivisection, un problème qu'il est absolument nécessaire de résoudre le plus tôt possible, car c'est une question d'humanité qui est posée, et qui ne saurait attendre longtemps une juste solution.

Or, comment résoudre ce difficile problème, sinon à la satisfaction générale (ce n'est guère possible), du moins à la satisfaction du plus grand nombre, c'est-à-dire en satisfaisant à la justice, au progrès, à l'humanité ?

Nous pensons que le meilleur moyen est, comme on dit au PALAIS, d'instruire la cause et de la faire juger par le public, dont le gros bon sens constitue, en somme, un excellent arbitre.

L'œuvre que nous soumettons au lecteur est une sorte de synthèse faite à l'aide des principaux physiologistes modernes, et, bien que scientifique, nous pensons que notre œuvre est à la portée de

toutes les intelligences, parce que nous nous
sommes efforcés, en l'écrivant, d'y mettre le plus de
clarté et de méthode possible.

En tous cas, nous pouvons dire d'elle avec notre
vieux Montaigne :

« Cecy est un livre de bonne foy. »

Ecrite sans passion, sans parti pris, notre œuvre
est un simple exposé des faits, un résumé vrai et
sincère de la question, s'appuyant sur des témoignages originaux incontestables, signés des plus
grands noms de la science. Nos documents ont
été soigneusement étudiés et contrôlés ; aussi espé-
rons-nous que le lecteur ne saurait en tirer que la
conséquence logique que comporte la question
traitée.

Voici le plan de l'étude que nous soumettrons
au lecteur : En premier lieu, nous faisons l'historique de la question, nous étudions ensuite l'utilité de cette méthode expérimentale, puis nous
passons en revue les expériences vivisectrices :
nous montrons sous leur vrai jour les vivisecteurs
et leurs adversaires, nous étudions les découvertes
qu'on attribue à la vivisection qui nous paraît
avoir servi de tremplin, surtout dans ces dernières
années.

Ensuite nous étudions les droits de la science

et nous traitons de la vivisection, au triple point de vue de la science, de la philosophie et de la morale.

Enfin une courte conclusion résume l'œuvre entière et fournit au lecteur le moins clairvoyant le moyen de se prononcer en toute connaissance de cause sur la vivisection.

Tel est le seul but de notre œuvre que nous résumons en ces quelques mots :

Faire partager au plus grand nombre possible de lecteurs des idées justes sur la Vivisection.

DE LA VIVISECTION

ÉTUDE PHYSIOLOGIQUE
PSYCHOLOGIQUE ET PHILOSOPHIQUE

CHAPITRE PREMIER

HISTORIQUE

Au début de cette étude, nous devons tout d'abord définir le terme de VIVISECTION, qui vient du latin *vivum secare*, tailler, couper dans le vif : la Vivisection a pour but, en effet, d'étudier, dans l'animal vivant, sa structure, ses organes, leurs fonctions, en un mot la *Physiologie de l'animal*.

Les sujets employés aux expériences sont des chevaux, des mulets, des ânes, des chiens, des chèvres, des chats, des lapins, des cobayes, des pigeons, etc.

On fait subir à ces animaux des mutilations de toute sorte : on les écorche, on leur crève les yeux avec des fers rougis au feu, on les crucifie, on les empoisonne lentement ou d'une façon foudroyante, on leur rompt les os, on leur brise les nerfs, on leur enlève la cervelle. on leur fait avaler des liquides corrosifs. on leur injecte dans les veines des poisons. du sable, etc. : on arrache également aux animaux vivants le cœur, le foie. les reins, les rognons, les intestins : on développe sur certaines parties de leur corps la gangrène. les tumeurs blanches, la péricardite. la tuberculose, l'ophthalmie et des maladies contagieuses. On pratique sur leurs membres des entorses et autres lésions ; on enduit de pétrole et d'essence de térébenthine les animaux. puis on enflamme ces liquides : on enduit également de vernis leur peau après en avoir rasé les poils qui la recouvrent, et cela pour étudier l'asphyxie. On fait cuire les animaux à petit feu dans les fours. jusqu'à ce que la mort s'ensuive ; enfin on les torture de mille manières. C'est la série de ces *petites* opérations qui constitue la *Grande Science* dénommée Vivisection ; car il faut ajouter que toutes ces opérations sont faites dans le but de pénétrer le mieux possible le mécanisme des fonctions vitales.

Il est vrai que parfois. très souvent même, ce but est manqué. parce que les martyrisations pratiquées sur l'animal ne peuvent servir de méthode d'investigation sûre. comme nous le verrons dans le courant de cette étude.

A quelle époque remonte l'origine de la vivisection ?

Si nous en croyons les vivisecteurs, cette science aurait existé de toute antiquité ; ils nous disent, en effet, que les anciens, après avoir disséqué les animaux morts, en auraient disséqué de vivants pour mettre à découvert les parties cachées, et voir fonctionner leur organisme.

Nous connaissons grandement l'Antiquité, puisque nous avons consacré plus de trente années à l'étudier, mais nous avouons n'avoir jamais trouvé chez les peuples de l'Antiquité traces de vivisection, telle du moins qu'on la pratique aujourd'hui. Cependant les vivisecteurs invoquent en faveur de leur thèse les rois de Perse, qui, disent-ils, livraient aux médecins les condamnés à mort, afin de leur permettre de pratiquer sur eux des expériences utiles à la médecine et à la thérapeutique. — Ces expériences, nous les connaissons : les anciens Satrapes de l'Orient redoutaient, non sans raison, le poison, et, pour s'en garantir le plus possible, ils livraient à leur médecin, non seulement les condamnés à mort, mais aussi des esclaves, afin que ces médecins pussent étudier sur ces hommes les effets des poisons et surtout (ce qui les intéressait le plus) l'action des contre-poisons. Ceci ne forme qu'une des branches de la vivisection ; les médecins de l'Antiquité étudiaient tout simplement la *Toxicologie*, parce que leurs maîtres avaient besoin de poisons sûrs pour les autres.

et d'excellents contre-poisons pour eux-mêmes.

Les Romains peuvent nous fournir un exemple parfaitement raconté dans la tragédie de *Britannicus* de notre grand poète :

> Seigneur, j'ai tout prévu. Pour une mort si juste
> Le poison est tout prêt; la fameuse Locuste
> A redoublé pour moi ses soins officieux.
> Elle a fait expirer un esclave à mes yeux ;
> Et le fer est moins prompt à trancher une vie
> Que ce nouveau poison que sa main me confie.

On voit par là que Néron et le beau Narcisse, son fidèle confident et ami, s'occupaient un peu de vivisection, mais ce n'était pas tout à fait pour trouver des moyens pour soulager l'humanité souffrante ! Les vivisecteurs nous disent aussi que, suivant Galien, Attale III Philométor, qui régnait à Pergame cent trente-sept ans avant notre ère, expérimenta des poisons et des contre-poisons sur des criminels. — S'appuyant sur un passage de Celse, les vivisecteurs prétendent que ce médecin était partisan de la vivisection, ce qui est absolument faux, comme nous allons le voir. — Celse dit (1) : « Il y a donc nécessité de se livrer à l'ouverture des cadavres pour scruter les viscères et les entrailles ; et même Hérophile et Erasistrate ont bien mieux fait en ouvrant tout vivants des crimi-

---

(1) A. Celsi *Medicina*, p. 4, t. I, édition Didot-Nisard.

nels que des rois leur abandonnaient au sortir des
cachots, afin de saisir sur le vif ce que la nature
leur tenait caché et d'arriver ainsi à connaître la
situation des organes. »

Voilà le passage de Celse, sur lequel s'appuient
les vivisecteurs, mais ils oublient de mentionner
ce que le même auteur ajoute quelques lignes plus
loin, lignes qui prouvent d'une façon irréfutable
que le médecin contemporain de Tibère réprouvait
totalement la vivisection.

Voici le passage en question (1): « Jusque-là ces
diverses théories ne sont qu'inutiles : mais ce qui
est cruel, c'est d'ouvrir les entrailles à des hommes
vivants et de faire d'un art conservateur de la vie
humaine l'instrument d'une mort atroce, surtout
quand les questions qu'on essaie de résoudre à
l'aide de ces affreuses violences ou demeurent complètement insolubles ou pourraient être éclaircies
sans crimes, car la couleur, le poli, la mollesse, la
dureté et les autres conditions des organes ne
restent point, sur le sujet qu'on vient d'ouvrir, ce
qu'elles étaient avant les incisions... On peut, il est
vrai, ouvrir à un homme vivant le bas-ventre qui
renferme des organes moins importants : mais dès
que le scalpel, en remontant vers la poitrine, aura
divisé la cloison transversale (le diaphragme des

_____

1 *Loc. cit.*, p 6, t. I.

Grecs), qui sépare les parties supérieures des inférieures, cet homme rendra l'âme au même instant, C'est ainsi que le même médecin homicide parvient à découvrir les viscères de la poitrine et du ventre ; mais ils se présentent à lui tels que la mort les a faits, et non plus tels qu'ils étaient vivants, de sorte qu'il a bien pu égorger son semblable avec barbarie, mais non pas savoir dans quelles conditions se trouvent nos organes lorsque la vie les anime. »

Ceci nous paraît absolument concluant : Celse n'est pas un vivisecteur ; on a donc tort de l'invoquer en faveur de la vivisection.

Avant Galien, les vivisecteurs nous parlent d'Aristote ; c'est bien possible que ce philosophe, qui a touché à tout, ait parlé de la vivisection, mais en tous cas il devait ne pas être un partisan bien forcené, puisqu'il observe, dans sa *Rhétorique*, qu'en soumettant des témoins à la torture pour en obtenir la vérité, on obtient d'eux plus généralement le mensonge (1).

Il devait donc penser aussi qu'en charcutant un animal on ne pouvait guère obtenir d'heureux résultats, car l'organisme tout entier, devant se ressentir des tortures subies, ne pouvait fonctionner dans des conditions normales. Ne parlons donc

(1) La série des ouvrages d'Aristote qui traite de l'anatomie et de la médecine a été perdue.

plus d'Aristote et revenons à Galien, qui passe auprès des vivisecteurs pour le fondateur, le *Père de
la vivisection*, parce qu'il ne pratiqua guère que des
expériences perturbatrices qui ne pouvaient amener rien de concluant.

Les expériences de Galien, en effet, consistaient
surtout à supprimer une partie quelconque à un
animal, afin de pouvoir juger, par cette ablation,
des troubles amenés dans l'économie de cet animal. C'est ainsi que Gallien aurait, dit-on étudié
les effets de la destruction de la moelle épinière,
ceux de la perforation de la poitrine, enfin les
effets produits par la section des nerfs et des
artères.

De Galien, les vivisecteurs nous conduisent à
André Vesale (1), à Aselli (2), à Harvey (3), à
Graaf (4), à Haller (5). La lacune est, on le voit,

(1) Anatomiste belge né en 1514 et mort en 1564.

(2) ASELLI est né à Crémone en 1581 et mort à Milan en
1626. Il découvrit, le 1er juillet 1602, les vaisseaux chyli-
fères en disséquant un chien qui venait de manger. Sa découverte resta longtemps inconnue ; il en avait attribué le
mérite à Hippocrate, à Platon et à Aristote : on ne sut qu'il
en était l'auteur que lors de la publication de son ouvrage :
De lactibus seu lacteis venis dissertatio, 1 vol. in-4, Milan,
1627.

(3) WILLIAM HARVEY, né en 1578 à Folkstone et mort en
1658, étudia la médecine en France, en Allemagne et à Pa-
doue.

(4) RÉGNIER DE GRAAF, médecin hollandais, élève de Syl-
vius, né à Schoonhove en 1641 et mort en 1673.

(5) Nous donnons plus loin une note sur Haller.

considérable : puis nous arrivons aux médecins du xvii⁰ et du xviii⁰ siècle (1).

On peut donc voir par ce qui précède, que la vivisection est une science presque moderne : ses principaux promoteurs ne datent que du commencement du xix⁰ siècle : ce sont. en France : Dupuytren, Magendie, Broussais. Claude Bernard. Paul Bert, Charcot, Brown-Séquard. etc.. car aujourd'hui. tant en France qu'à l'étranger. les vivisecteurs forment une vaste légion : aussi ce n'est pas sans motif que leurs expériences ont ému un nombreux public et qu'on a fondé chez divers peuples de l'Europe. et même en Amérique. des sociétés antivivisectionnistes.

Nous devons avouer en toute franchise et à son honneur que l'Angleterre est la nation qui est à la tête du mouvement antivivisectionniste et que. rien qu'à Londres. il y a cinq grandes sociétés pour faire l'agitation autour de la question :

1 Nous lisons dans un curieux ouvrage pour ne rien dire de plus a ce qui suit : « Les chirurgiens devraient mettre les sages-femmes au fait de l'opération césarienne, en leur faisant faire des expériences sur des animaux, afin que dans l'occasion elles pussent être utiles en les suppléant.... etc. »

Mais rien ne dit dans le passage ci-dessus que ces expériences doivent être faites sur des animaux vivants. car on peut fort bien apprendre à ouvrir la paroi abdominale sur des animaux morts.

a) *Abrégé d'Embryologie sacrée*. p. 60, 1 vol. in-12. Paris, Nyons, 1774.

1° *La Grande Société protectrice des animaux de Jermy-Street*, qui a été fondée il y a plus de soixante ans, au milieu des rires et des moqueries de la foule des oisifs et des badauds. Mais, malgré tout, cette société n'en a pas moins progressé, car elle a pris une extension considérable : elle possède aujourd'hui des succursales dans le monde entier, et ses revenus s'élevaient l'année dernière à plus de 380,000 francs ;

2° *La Société protectrice des animaux soumis à la vivisection de Victoria-Street*. Cette société comprend parmi ses membres les hommes les plus influents de l'Angleterre ; les revenus dont elle dispose s'élèvent aujourd'hui à environ 40,000 francs ;

3° *La Société pour la suppression et l'abolition totale de la vivisection*, fondée par sir Jesse ;

4° *La Société internationale contre la vivisection*, présidée par M. Adlane ;

5° *La Société de Brompton Road*, près de Londres, qui, bien que plus jeune que les autres, poursuit le même but que ses aînées.

Indépendamment de ces sociétés Londonniennes, il a été fondé dans le Royaume-Uni d'autres sociétés en grand nombre : les deux plus importantes sont à Dublin et à Edimbourg.

En général, ces sociétés demandent l'abolition totale des laboratoires de vivisection.

Il y a lieu de mentionner la *Société antivacci-*

natrice de Londres, qu'on peut ranger au nombre des sociétés antivivisectionnistes, puisqu'elle considère comme très dangereuse la vaccination et par suite tous les travaux de M. Pasteur, dont nous étudions plus loin, dans plusieurs chapitres, les avantages et les inconvénients.

Il existe également des sociétés contre la vivisection en Allemagne, en Suède, en Norvège, en France et en Amérique.

Avant de parler des sociétés de Paris, disons que les législations anglaise, autrichienne et belge interdisent sur les animaux vivants des expériences qui n'ont d'autre but que de faire des démonstrations ou d'aider les professeurs à expliquer des vérités connues ou des faits contrôlés.

A Paris, il y a la *Société protectrice des animaux,* qui s'occupe de faire appliquer rigoureusement la *Loi Grammont,* mais jusqu'ici cette société a fort peu travaillé en vue de combattre la vivisection, ce qui se comprend, car parmi ses membres figurent des médecins vivisecteurs.

Cette société s'est cependant élevée à diverses reprises contre les courses de taureaux organisées à Paris, mais son rôle actif s'est borné à de simples protestations platoniques.

Enfin, nous trouvons, en 1892, un groupe de personnes antivivisectionnistes qui fonde une *Ligue populaire contre la vivisection,* laquelle, à la suite de divers incidents et après étude de nouveaux statuts, décida de prende le titre de Société française contre la vivisection.

La nouvelle société fut autorisée par arrêté ministériel en date du 28 février 1884.

Depuis, la Société française fonctionne fort bien : elle compte un grand nombre de membres soit en France, soit à l'étranger.

Victor Hugo, dans sa lettre d'acceptation de la présidence d'honneur, avait écrit qu'il considérait la vivisection comme un crime.

Parmi les membres de cette société, nous mentionnerons quelques personnes dont les noms suivent pour démontrer combien y figurent, à côté des Français, de nobles étrangers : Lady Caithness, duchesse de Pomar, Mesdames Cleveland, Labbé, baronne de Eflinger Wildegg, Gordon, Lembeke, princesse Montleard, Jaxe, Courlande, baronne Schwartz Weutworth. Toutes ces dames sont membres perpétuels.

Parmi les membres titulaires, nous mentionnerons : Mmes Abinger, Agrydalgo, Barnard, Bishop, comtesse de Bouillée, Chrétien, Denain, Maria Deraisme, Marie Huot, Fergusson Home, comtesse de la Ferronays, Gros, comtesse Mouzey, baronne Pagès, comtesse Héricart de Thury, princesse Troubetzkoï, Van der Hucht, Viviani, etc., etc.

Le nombre de personnalités de cette société est

certes considérable, mais pas assez cependant encore pour avoir une action efficace contre la barbarie de la vivisection.

Si les docteurs s'insurgent contre les magnétiseurs et veulent empêcher l'exercice de cette profession honorable entre toutes, ils ne sont guère entravés dans leurs poursuites vivisectrices ; c'est pourquoi nous formons des vœux, pour que la Société française contre la vivisection compte des milliers et des milliers de membres : ce n'est qu'alors que son action sera toute-puissante en faveur du but louable qu'elle poursuit.

CHAPITRE II

LA VIVISECTION EST-ELLE UNE SCIENCE UTILE ?

> La vivisection est un crime.
>
> Victor Hugo.

Après l'historique, les premiers points à élucider, dans la grave question qui nous occupe, sont ceux-ci :

La vivisection est-elle une science utile ?

A-t-elle rendu des services ?

Est-elle même une science ? (1)

Si nous avions à donner notre avis à des personnes connaissant la question au moins dans ses grandes lignes, nous répondrions, nous qui l'avons étudiée à fond : « Non, la vivisection n'est pas une science utile : les services qu'elle a rendus sont insignifiants ; ils sont si discutés et si discutables qu'ils sont pour ainsi dire nuls. Et les mêmes séries

____

(1) Il existe une brochure de M. D. Metzger qui porte ce titre : nous la recommandons à nos lecteurs.

d'expériences. pratiquées par des vivisecteurs
divers, sont tellement contradictoires entre elles
suivant qu'elles sont faites par le Dr Pierre ou par
le Dr Paul. qu'il n'est pas possible de pouvoir rien
affirmer d'un côté ou d'un autre ; on ne saurait
décider si c'est le *groupe Pierre* ou le *groupe
Paul* qui a tort ou raison dans son affirmation.

Dès lors, les travaux de vivisection présentent
un tel chaos que, puisqu'il est impossible de
fixer des bases quelconques sur ces travaux, on
peut dire que la *Vivisection n'est même pas une
science*.

Voilà ce que nous dirions pour des personnes
connaissant un peu la question. Mais, comme
notre travail a principalement pour but de convaincre les personnes de bonne foi étrangères à la
question. nous sommes bien obligé de développer
notre argumentation, pour prouver nos affirmations.

C'est dans ce but que nous allons ouvrir une
sorte d'enquête dans laquelle déposeront les docteurs partisans de la vivisection. puis leurs confrères antivivisectionnistes.

Nous mentionnerons également des deux côtés
les opinions d'hommes dont la compétence est
indiscutable : enfin. après avoir passé en revue
tous ces travaux. nous pourrons répondre en con-

naissance de cause aux questions posées au commencement de ce chapitre.

Disons en passant que nous pourrions à la rigueur nous dispenser de fournir les motifs que donnent les vivisecteurs pour justifier leurs expériences barbares et inhumaines, parce que ces physiologistes, dans le procès qui nous occupe, ne peuvent être à la fois *juges* et *parties* : ensuite parce que de nombreux docteurs et savants s'inscrivent, comme nous allons le voir, contre les expériences de vivisection : et l'avis de ceux-ci devrait suffire, ce nous semble, pour en proscrire l'usage, car dans une pareille question, pour avoir le droit d'en poursuivre les errements, il serait indispensable que le corps médical tout entier professât la même doctrine : or, nous sommes loin, bien loin, tant s'en faut, de cette unanimité de suffrage, comme nous le verrons dans le cours de notre étude.

Parmi les défenseurs acharnés de la vivisection figure en première ligne la Faculté de médecine de Zurich et, dans son sein, le professeur de physiologie, le Dr Hermann, lequel déclare, d'accord avec sa Compagnie, que la vivisection est absolument nécessaire, indispensable pour l'étude de la médecine. Les docteurs de cette Faculté ne font que répéter ce que disait avant eux Haller, qui appelait la vivisection une anatomie vivante (*anatomia animata*) et qu'elle était nécessaire (1).

Magendie. Broussais. Claude Bernard, Brown-Séquard. Charcot, Paul Bert, Pasteur, et avec eux la plupart des physiologistes modernes anglais. italiens, allemands et français, soutiennent la même thèse : c'est assez naturel, puisqu'ils sont vivisecteurs : mais. quand on demande à ces *bons* docteurs de montrer les résultats pratiques de leurs expériences, ils sont fort embarrassés, parce qu'aussitôt qu'ils ont avancé un fait comme certain, un résultat comme parfaitement acquis, des confrères non moins illustres dénient absolument le fait. et prouvent que rien n'est moins certain. rien moins acquis à la science. Aussi, généralement, les grands physiologistes tournent-ils la question au point de vue moral pour ne pas la discuter au point de vue scientifique ; nous citerons ultérieurement Claude Bernard à ce sujet : pour l'instant, nous allons consigner quelques opinions de docteurs physiologistes qui démontrent hautement :

1° Que la vivisection est une science inutile ;

2° Qu'elle n'a rendu aucun service ;

3° Qu'il est difficile de dénommer science une

1. Albert Haller, né à Berne en 1708. et mort en 1777. a été un des grands travailleurs du XVIII⁰ siècle ; il n'a pas écrit moins de soixante à soixante-quinze volumes : rien que sa collection de thèses sur l'anatomie, la chirurgie et la médecine forme vingt volumes in-4°, publiés de 1747 à 1756.

méthode d'investigation qui n'est que gàchis et chaos.

Commençons par sir Charles Bell (1) ; ce physiologiste nous dit : « La vivisection a plus contribué à perpétuer l'erreur qu'à constater les vues justes que nous retirons de l'anatomie. »

Sir William Fergusson, l'un des plus grands chirurgiens contemporains de l'Angleterre, est l'ennemi juré de la vivisection, parce qu'il a toujours constaté qu'elle est complètement inutile à la chirurgie.

Un docteur allemand, sous un pseudonyme (2), a écrit : « La valeur scientifique de la vivisection a été entièrement exagérée, et il n'est pas vrai, comme on le soutient si souvent avec des chants de victoire et de triomphe, qu'elle seule a rendu possibles des découvertes de la plus haute portée. Les résultats de la vivisection, en regard des hécatombes d'animaux sacrifiés de la façon la plus horrible, ont été jusqu'à ce jour mesquins et tout à fait incertains : ou leur utilité pratique a été nulle, ou ils n'ont satisfait qu'à moitié la curiosité du physiologiste, ou même ils l'ont induit en erreur. »

(1) *Nervous System* (2ᵉ partie, p. 184.
2 *Die vivisection: ihr Wissenschaftlicher Werth und ihre ahische Berechtigung*, Von IATROS, Leipzig. J.-A. Barth. 1877.

Et cet auteur résume son jugement sur la valeur de la vivisection pour la médecine pratique par les aphorismes suivants, que nous abrégeons encore :

I. — La médecine pratique n'a retiré de la vivisection, soit directement, soit par l'intermédiaire de la physiologie, aucun profit réel.

II. — Les cas dans lesquels l'utilité de la vivisection apparaît, ou dans lesquels cette utilité est théoriquement impossible, ces cas sont presque tous du domaine exclusif de la toxicologie et de la chirurgie.

III. — Dans la plupart des autres cas, elle ne sert absolument de rien à la médecine, car, si elle enrichit le diagnostic d'observations nouvelles, la thérapeutique ne saurait tirer aucun profit de ces observations.

IV. — Elle est aussi funeste qu'inutile, puisqu'elle détourne l'attention du médecin du lit des malades, pour l'occuper d'utopies qui n'ont rien à voir avec la médecine pratique.

V. — Outre ce grave et inévitable résultat, elle offre encore, en certain cas particuliers, ce danger d'être la source d'erreurs et, par conséquent, la cause indirecte de maux incalculables.

Voilà des opinions qui nous paraissent concluantes.

Nous venons de mentionner les docteurs étrangers ; bientôt nous mentionnerons l'opinion des

Français; mais disons immédiatement qu'on voit, par ce qui précède, que les services généraux rendus par la vivisection sont presque nuls, soit en chirurgie, soit en thérapeutique, et ce n'est pas nous qui le déclarons, mais de grands physiologistes, et nous sommes loin d'avoir épuisé encore les témoignages de grande valeur et pour ainsi dire topiques: le lecteur en trouvera en très grand nombre dans le cours de notre étude.

CHAPITRE III

LA VIVISECTION EST SANS UTILITÉ

> Les études physiologiques
> classiques n'ont rien appris
> sur la nature réelle de la vie.
>
> Dr Paul Gibier.

Si la vivisection était aussi indispensable à l'étude de la thérapeutique que veulent bien le dire certains physiologistes, il n'y aurait qu'une voix pour la préconiser, car la vérité ne permet aucune contradiction sérieuse. C'est même là une des caractéristiques de la science : il ne resterait plus qu'à examiner si les découvertes sont en rapport, en proportion, peuvent en un mot balancer tout l'odieux que soulèvent les opérations vivisectrices.

L'utilité de la vivisection est, au contraire, si énergiquement discutée par des hommes compétents, qu'on peut se demander, nous nous plaisons à le répéter, si la vivisection est même une science.

Si tous les médecins, chirurgiens, physiologistes, savants quelconques, étaient unanimes à reconnaître son utilité, nous n'aurions qu'à nous incliner, mais le nombre de ceux qui s'inscrivent tous les jours contre la vivisection, de ceux qui nient son utilité, est tellement considérable, qu'il faut bien les entendre, sinon les écouter. N'y aurait-il, du reste, que dix médecins contre cent, que cette proportion nous permettrait encore de nous inscrire contre une pareille science. Or les adversaires de la vivisection deviennent de jour en jour si nombreux, qu'on peut se demander si bientôt ils ne dépasseront pas le nombre des partisans.

D'autre part, ces adversaires sont si convaincus, si ardents, si acharnés, qu'on est frappé de la force de leurs arguments. Nous avons signalé précédemment les opinions fort diverses des physiologistes étrangers, nous continuerons ici les opinions des docteurs français.

Le Dr Roche, de l'Académie de médecine de Paris, a dit un jour dans le sein de cette Compagnie :

« Ne voyons-nous pas, tous les jours, les résultats certains des vivisections de la veille démentis par les résultats incontestables du lendemain !... Oui, à de rares exceptions près, les expérimentations conduisent à des résultats fallacieux, remplissent l'esprit de doutes, sèment le champ de la science de négations et de ruines et sont seules incapables de rien édifier. »

Le célèbre professeur Béclard, ayant très long-temps pratiqué la vivisection, n'est-il pas obligé d'avouer lui-même dans son *Traité élémentaire de Physiologie* (p. 219) que :

« Les expériences faites sur des animaux n'ont pas la valeur des observations pathologiques faites sur l'homme. à cause des troubles qu'apportent les mutilations dans le système en général et dans la circulation en particulier. »

Béclard ne fait donc que confirmer ou reproduire sous une autre forme ce que Celse avait déjà dit dans son livre sur la médecine. écrit au premier siècle de notre ère, et que nous avons rapporté précédemment.

Et le même professeur. dans un éloquent panégyrique prononcé à l'Académie de médecine 11 nov. 1866). rappelait que Gardy insistait souvent sur les difficultés. les incertitudes et même les contradictions de cette méthode expérimentale (la vivisection .

Arrivons enfin à mentionner ici l'opinion d'une autorité reconnue par tous les vivisecteurs. c'est celle de l'un de leurs chefs, celui à qui ils doivent un petit système de fournaise qui permet de brûler les animaux à petit feu et de déterminer ainsi jusqu'où peut aller leur force de résistance. Ce GRAND Vivisecteur à qui l'on a érigé une statue en face du théâtre de ses exploits : Claude Bernard.

puisqu'il faut l'appeler par son nom, a prononcé la plus belle condamnation de sa science favorite quand, parlant des progrès de la Physiologie, il disait : « Quelle confiance peuvent mériter les théories fondées sur des faits physiologiques inexacts? C'est là un édifice qui pèche par la base. »

Or, que restera-t-il de la vivisection, si nous rapprochons les paroles de Claude Bernard de celles-ci du Dr Parchappe : « Les expériences sur les animaux peuvent servir d'appui à l'erreur, aussi bien qu'à la vérité. »

Quel solide base scientifique !

On peut donc dire des physiologistes : *tot capita, tot sensus* ; en effet, aucun vivisecteur (sauf en ce qui concerne l'incertitude de ses expériences) ne partage les idées de ses confrères ; il n'en est aucun dont les expériences ne soient contestées, et généralement tout résultat donné comme très exact, très certain, par un vivisecteur, est immédiatement déclaré inexact par un de ses *éminents* confrères; mais, ce qui est plus fort, c'est ceci : Un vivisecteur pratique aujourd'hui une expérience sur laquelle il bâtit tout un système et demain la même expérience faite par le même physiologiste, sur le même animal, dans des conditions qu'on croit identiques, donne des résultats tout à fait contraires à ceux de la veille. Et l'on nomme cela une science ! Non, ce que nous venons de dire démontre bien que la vivisection ne mérite pas ce titre qu'on lui décerne. La preuve qu'elle ne le mérite pas, c'est que les plus enragés physiologistes savent eux-mêmes, et mieux que personne le peu de solidité de la base de cette soi-disant science en proclamant bien haut « qu'on ne peut avoir aucune confiance en des théories fondées sur des faits physiologiques inexacts ».

La vérité, c'est qu'on pourrait nommer la vivisection la science des contradictions ! Il y a unanimité sur ce seul point.

C'est quelque chose, mais ce n'est pas assez pour nous rendre vivisecteurs. C'est pourquoi on ne peut trouver que fort justes les paroles du savant anatomiste allemand, le Dr Strauss Darkein, quand il dit : « Les élèves n'apprennent rien par ces abominables procédés. Les fonctions des sujets sur lesquels on expérimente sont bien trop troublées pour qu'on puisse avoir confiance dans leurs résultats : ces expériences ne sauraient donc enseigner rien de bon, quant aux fonctions normales de ces sujets ».

Nous venons de donner quelques preuves de l'inutilité de cette méthode d'investigation, mais nous n'en finirions pas, si nous voulions relater ici une faible partie de ce que les médecins ont dit ou écrit contre les déceptions de la vivisection : aussi, après avoir mentionné les opinions de quelques docteurs. nous devons, pour compléter nos preuves. donner quelques opinions de savants incontestés. Notre grand Cuvier. par exemple, cet homme au génie si intuitif. a proclamé que : « La nature a fourni les moyens d'apprendre ce que les expériences sur les animaux vivants n'apprendront jamais » (1).

Et le grand naturaliste considérait l'expérimentation « comme troublant les phénomènes vitaux au point de dénaturer les manifestations et d'égarer celui qui cherche à en saisir l'essence » (2).

Et le créateur de l'*Anatomie comparée* ajoutait : « Toutes les parties d'un corps vivant sont liées : elles ne peuvent agir qu'autant qu'elles agissent toutes ensemble ; vouloir en séparer une de la masse, c'est la reporter dans l'ordre des substances mortes, c'est en changer l'essence. Les machines qui font l'objet de nos recherches ne peuvent être démontrées sans être détruites : nous ne pouvons connaître ce qui résulterait de l'absence d'un ou de plusieurs rouages. et, par conséquent, nous ne pouvons savoir quelle est la part que chacun de ces rouages prend à l'effet total.

« Heureusement la nature semble nous avoir préparé elle-même des moyens de suppléer à cette impossibilité de faire certaines expériences sur les

(1) Lettre au Dr Carpenter.
(2) *Ibidem*.

corps des vivants. Elle présente, dans différentes classes d'animaux, presque toutes les combinaisons possibles d'organes : elle nous les montre réunis deux à deux, trois à trois, et dans toutes les proportions ; il n'en est pour ainsi dire aucune dont elle n'ait privé quelque classe ou quelque genre ; et il suffit de bien examiner les effets produits par ces réunions et ceux qui résultent de ces privations, pour en déduire des conclusions très vraisemblables sur la nature et l'usage de chaque organe, de chaque forme d'organe. »

Ce passage de l'illustre Cuvier prouve donc que la vivisection n'est pas une étude si indispensable pour le progrès de la science pathologique, comme voudraient le faire croire les physiologistes ; mais la méthode indiquée par Cuvier demanderait un très gros travail et ne fournirait pas une sorte de tremplin sur lequel nos docteurs exécutent des sauts périlleux : dès lors, le public ne serait pas empoigné par les expériences de vivisection.

Si nous poursuivons notre travail de dépouillement des écrits de savants, nous arrivons à Auguste Comte, dont on peut bien ne pas partager les idées philosophiques, mais qui cependant était un homme d'une très grande valeur : or, voici en quels termes l'éminent philosophe dénonçait la pratique de la vivisection : elle devait, selon lui, « aboutir fatalement à la détérioration des esprits qui s'y engagent et comme n'étant pas d'ailleurs le meilleur moyen d'étudier les phénomènes biologiques ».

Ajoutons ici qu'en Allemagne, en Angleterre. en France, de nombreux médecins font partie de sociétés antivivisectionnistes : dans la Grande-Bretagne, il s'est trouvé même quatre-vingts docteurs en médecine pour signer et remettre à la grande Société protectrice des animaux de Londres un mémoire ayant pour but de limiter le plus possible les expériences de vivisection. L'Université de Dublin les a totalement abolies dans ses laboratoires.

Mais ce n'est pas seulement de nos jours que date ce mouvement antivivisectionniste ; à toutes les époques de grands physiologistes se sont tout particulièrement montrés hostiles à la vivisection : nous mentionnerons, au hasard de la plume : Charles Bell. William Fergusson. Garth Wilkinson, Lawson Tait (1), Cuvier. Magendie, Nélaton. Béclard. Longuet, Parchappe. Colin d'Alfort, Louis Combet. Anna Kingsford. etc., etc.

L'opinion de ces médecins distingués, de même

1 Auteur de *l'Inutilité de l'expérimentation sur les animaux*, dans laquelle il met complètement à néant les principaux arguments des vivisecteurs touchant les découvertes attribuées à la vivisection.

Nous recommandons tout spécialement à nos lecteurs cette belle étude traduite en plusieurs langues.

que ce que nous venons de dire dans ce qui précède, doit suffire amplement à l'édification des lecteurs et doit suffire également à condamner de la façon la plus éclatante cette inhumaine et honteuse méthode d'investigation, de laquelle nous avons déjà dit que jamais le même expérimentateur ne peut reproduire avec le même animal le même résultat, ce qui est parfaitement confirmé par les paroles suivantes de l'éminent physiologiste Flourens : « Magendie a sacrifié quatre mille chiens pour établir, après Charles Bell, la distinction des nerfs sensitifs et des nerfs moteurs : puis il en a sacrifié quatre mille autres pour prouver qu'il s'était trompé ».

N'est-ce pas de la pure folie ?

La vivisection n'est-elle pas un crime monstrueux ?

CHAPITRE IV

TORTUREURS ET TORTURÉS

> Dans ces opérations bar-
> bares on interroge la tor-
> ture, et c'est la douleur qui
> répond.
>
> MAGENDIE.

Nous demandons pardon à nos lecteurs d'employer ce néologisme de *tortureur*, mais à de nouveaux crimes. il faut bien appliquer de nouveaux
noms, d'autant que les termes de *tortionnaires*. de
tourmenteurs ne sont pas assez énergiques pour
frapper les misérables qui torturent de paisibles
animaux. avec un raffinement de cruauté inouï ;
les tortionnaires et les tourmenteurs de l'*Inquisition*
exécutaient des ordres qu'on leur donnait ; ici ce
sont les expérimentateurs eux-mêmes qui torturent presque pour le plaisir de torturer ; c'est
pour cela que nous les nommons *tortureurs*.

Après avoir lu les lignes qui suivent. tout lecteur impartial ne pourra pas ne pas être de notre
avis.

Nous donnerons tout d'abord, d'après un physiologiste anglais, Georges Hoggan, la description d'un laboratoire de vivisection et, par suite, une bien faible partie des scènes navrantes qui s'y passent.

« Dans notre laboratoire, dit le célèbre praticien anglais, nous sacrifions tous les jours de un à trois chiens, sans compter les lapins et les autres animaux : et. après une expérience de quatre à cinq mois, je suis d'avis qu'aucune de ces vivisections ne fut justiciable ni nécessaire. L'idée de faire du bien n'y entrait pour rien. et on l'aurait accueillie avec des éclats de rire : on ne songeait qu'à égaler ou dépasser d'autres hommes de science, au prix même des souffrances les plus atroces infligées sans nécessité à de pauvres animaux. Pendant trois campagnes, j'ai vu des spectacles bien tristes. mais je n'ai rien vu d'aussi écœurant que le spectacle qui s'offrait à mes yeux lorsqu'on amenait des chiens à sacrifier, de la cave au laboratoire. Ils ne témoignaient d'aucune satisfaction en se trouvant au grand jour : mais ils paraissaient saisis d'horreur en flairant l'air de l'endroit. comme s'ils devinaient d'avance le sort qui les attendait. Ils s'approchaient des trois ou quatre personnes qui se trouvaient au laboratoire en faisant un appel muet. mais éloquent à la compassion de leurs bourreaux : mais les yeux,

les oreilles et la queue parlaient en vain. Rude-
ment saisis et jetés dans une gouttière qui servait
à les maintenir pendant l'expérience, on n'enten-
dait qu'un petit cri plaintif, et ils continuaient à
lécher la main qui les liait jusqu'à ce que le
bâillon leur fût fermement fixé dans la gueule, et
qu'il ne leur restât plus, comme dernier moyen
d'invoquer la miséricorde, que de remuer faible-
ment la queue. Même agonisants, ils témoignaient
encore de la reconnaissance, lorsqu'on leur faisait
des caresses, seul soulagement qu'il ne fût pas
possible d'apporter à ces pauvres martyrs, dont la
mort seule viendrait terminer les atroces douleurs. Si les sentiments des physiologistes n'étaient
point émoussés par la pratique des vivisections,
il leur serait impossible d'accomplir et de conti-
nuer leur besogne. Ils sont très sensibles aux
reproches qu'on leur adresse au sujet de leur sensibilité, mais je dois dire qu'ils sont rarement
compatissants et que souvent, ils sont tout le contraire.

« Bien des fois, lorsqu'un animal, se tordant de
douleur, dérangeait les tissus qu'ils disséquaient
avec soin, je les ai vus frapper la pauvre bête et
lui parler avec dureté; d'autres fois, lorsque l'animal avait enduré les plus grandes douleurs pendant des heures entières, sans lutter et sans se
plaindre autrement que par des petits cris qu'il

faisait entendre à de longs intervalles, j'ai vu, il est vrai, qu'au lieu de laisser la pauvre bête mutilée se traîner par terre jusqu'au lendemain, en la tenant réservée pour une autre journée de martyre, on la tuait immédiatement, parce que, au dire des physiologistes, elle s'était assez bien conduite pour mériter la mort. J'ai souvent entendu dire au professeur, lorsqu'un côté de l'animal avait été tellement mutilé que les tissus étaient obscurcis par des caillots de sang : « Pourquoi ne commencez-vous pas de l'autre côté ? ou bien : « Prenez un autre chien ; pourquoi faire des économies ? »

« Ce qu'il y avait peut-être de plus révoltant au laboratoire, c'était l'habitude de donner un animal sur lequel un professeur avait complété son expérience et qui avait encore des restes de vie, à l'un de ses aides, afin qu'il s'exerçât à trouver les artères, les nerfs, etc., sur l'animal vivant, ou afin qu'il fît là-dessus une de ces expériences qu'on nomme, en argot de laboratoire : *Expériences fondamentales* et qui ne sont autre chose que la répétition des expériences les plus cruelles, recommandées dans les Traités de physiologie. Quant aux anesthésiques, je les considère comme un très grand malheur pour les animaux exposés aux vivisections. Ils dérangent trop les conditions normales de la vie pour permettre de fournir alors des résultats précis ; et ils sont par le fait bien plus propres à apaiser la conscience du public à l'égard des vivisecteurs, qu'à apaiser les douleurs du sujet opéré. Il y a encore un procédé horrible, dont le public ne se doute guère. On tient quelquefois un animal tranquille, en lui administrant du *curare*, poison qui paralyse les mouvements volontaires, tout en augmentant l'acuité du sentiment, et on maintient la vie de l'animal au moyen de la respiration artificielle, en attendant que les bons effets du poison se dissipent. J'ai souvent vu opérer des animaux dans cet état devant un auditoire qui les croyait insensibles à la douleur, parce qu'ils étaient incapables de la témoigner par des mouvements quelconques et pendant tout le temps de l'opération ; les pauvres bêtes subissaient un double martyre, afin de respecter le sentiment d'auditoire. — Après avoir raconté ce que j'ai vu, je n'ai pas besoin de dire que j'en ai plus qu'assez, et qu'ayant vidé le calice jusqu'à la lie, je suis prêt à voir périr non seulement la science, mais, avec elle, le genre humain tout entier, plutôt que d'employer de pareils moyens pour le sauver (1). »

Le lecteur partagera sans aucun doute l'horreur qu'inspirent les expériences de vivisection au

____

(1) *Evidence of a Witness*, feuille volante publiée par le docteur.

Dr Hoggan : nous lui dirons cependant que ceci n'est rien en comparaison des scènes lamentables qui se passent dans d'autres laboratoires, et des hécatombes de victimes qui y sont faites chaque année. Pour leur en fournir un exemple, nous dirons qu'on cite un seul expérimentateur, le Dr Schiff, de Florence, l'un des grands tortureurs de l'époque, qui, dans dix années, a sacrifié plus de dix mille chiens ou autres animaux dans son laboratoire. et ce *brave* homme poursuit toujours le cours de ses opérations, nous allions dire de ses exploits ; il se lasse parfois, mais, comme Messaline, il n'est jamais rassasié : aussi recommence-t-il le lendemain avec le même entrain.

Nous ne pouvons rappeler ici (le lecteur le comprendra) même une faible partie des expériences qui ont été pratiquées sur des animaux divers : ces expériences, imprimées avec le plus de concision et de brièveté possible, formeraient une bibliothèque, et les vivisecteurs continuent toujours. Pour donner une faible idée de ce que sont ces expériences quant à leur nombre. nous dirons qu'une commission royale instituée à Londres pour faire une enquête officielle sur les abus de la vivisection a publié en 1876 un rapport qui. dans ses 388 pages. ne contient pas moins de 6.558 paragraphes fournissant uniquement de brefs détails sur des expériences de vivisection.

Nous aurons l'occasion, dans le courant de notre travail, de mentionner quelques numéros de ce document : ici nous allons consigner divers détails puisés dans ce rapport.

Le fameux Dr Schiff, dont nous venons de parler, déclare ceci dans la *Physiologie de la Digestion* : « Je suis obligé de couper immédiatement les cordes vocales à la plupart des chiens qu'on livre à mon laboratoire, de peur que leurs hurlements nocturnes ne compromettent mes études physiologiques auprès de mes voisins. » (§ 1287 du Rapport.)

En effet, sans cette précaution, ce serait des hurlements diurnes et nocturnes qui dureraient pendant trois cent soixante-cinq jours de l'année. Qui pourrait y résister ? Personne : ce serait à en devenir fou !

Le professeur Carpenter remplit d'eau bouillante l'estomac d'un chien : l'animal mourut au bout de vingt-quatre heures. (§ 5616 du Rapport).

Le Dr Noé Walker rapporte que son professeur, dans un laboratoire du Continent, s'efforça de produire artificiellement chez plusieurs chiens et agneaux une inflammation des yeux, soit à l'aide de moyens chimiques, soit en faisant passer un fil par la cornée de l'œil.

Et comme le sommeil de ces pauvres animaux aurait pu gêner ses observations, il ne leur laissa aucun repos ni de nuit ni de jour. Mais ce n'est pas tout encore, quand les cicatrices commençaient à se fermer, il les rouvrait aussitôt. (§ 1727 du Rapport.)

Le Dr Harley empoisonna un chat avec de petites doses successives d'arsenic, mais si lentement que l'animal ne succomba qu'au bout de quatre-vingts jours. (§ 5747 du Rapport.)

Certaines expériences sont faites uniquement dans le but de procurer quelques distractions aux physiologistes ; on ne peut pas toujours travailler, que diable ! Il faut bien un peu s'amuser : on crée alors par exemple des *frères Siamois* ; dans ce but, on attache solidement ensemble deux animaux après leur avoir au préalable enlevé la peau au point de contact ; ensuite on unit quelques-uns de leurs organes et on établit de cette façon en certains endroits une circulation de sang commune. (§ 5621 du Rapport.)

Quel profit la science peut-elle retirer de pareilles expériences ? Les zouaves, qui au moyen de la greffe animale fabriquaient des rats à trompe, étaient d'excellents vivisecteurs.

Passant à d'autres expériences, nous dirons, avec Von Weber (1), que :

« Magendie, le célèbre médecin de Paris, se per-

(1) *Les Chambres de tortures de la science*, par Von Weber, trad. par Elpis Melena. 1 broch. in-8, Paris, 1880.

mettait, à l'égard de ses pauvres victimes, de telles atrocités que je n'hésite pas pour moi à le considérer, en toute conscience, comme l'un des hommes les plus cruels qui ait jamais vécu sur la terre. Ainsi, par exemple, il prit un jour un chien couchant délicat et nerveux, qu'il avait acheté à l'enchère et le cloua à la table de dissection par ses quatre pattes et ses deux longues oreilles soyeuses (et sans l'endormir), afin de pouvoir opérer plus à son aise devant ses élèves et lui couper les nerfs oculaires, lui ouvrir le crâne en le sciant, lui briser l'épine dorsale et mettre à nu ses divers faisceaux de nerfs.

« Après quoi, il réserva le pauvre animal, qui vivait encore, pour les expériences du lendemain· Le même homme ouvrit un chien vivant pour y créer un estomac artificiel. »

Nous décrivons plus loin cette expérience. Et voilà des hommes distingués qui se fâcheraient très certainement si on les traitait de sans-cœur et de bêtes brutes.

Mais n'insistons pas, car la suite de notre œuvre, en montrant les travaux des *Expérimentateurs*, montrera l'inutilité de cette pseudo-science dénommée vivisection.

CHAPITRE V

AUTRES EXPÉRIENCES MONSTRUEUSES

Nous allons étudier dans le présent chapitre des expériences faites spécialement au point de vue toxicologique et quelques autres accessoires. mais dans lesquelles on ne peut employer des anesthésiques. Cette partie de notre œuvre servira donc à démontrer que les physiologistes peuvent bien dire qu'ils emploient des anesthésiques, afin de ne point faire souffrir les animaux. mais, dans la pratique, ils ne sauraient le faire comme nous allons le démontrer.

Le docteur John Simon a étudié l'action physiologique de diverses substances. telles que la quinidine, cinchonidine. etc. : dans ses expériences, il injectait sous la peau d'un chien de 12 kilogrammes, par exemple. de 75 centigrammes à 1 gramme de sulfate de cinchonine : voici la marche que suit ce genre d'empoisonnement : « Tristesse de l'animal, jactitation à laquelle succède bientôt l'immobilité avec fixité dans le regard, une certaine

difficulté de se tenir debout et de l'ataxie locomotrice, aussitôt que l'animal se met en mouvement;
puis survient une sorte de tremblement s'accompagnant de petites secousses spasmodiques, prélude
d'une crise convulsive : en effet le chien pousse un
cri, puis il tombe sur le flanc, les quatre membres
en raideur aténique, la tête en épisthonos, et l'accès
se poursuit en convulsions cloniques avec claquement dentaire, écume à la bouche, parfois sanguinolente; puis la période de rémission se fait du
côté des phénomènes convulsifs: l'animal semble
revenir à lui avec le regard stupide et plus ou moins
hagard, conservant toutefois un certain degré de
parésie qui l'empêche de se remettre solidement
sur ses pattes; les mouvements respiratoires, momentanément suspendus durant l'accès, reprennent
avec une accélération anhélante; il pousse des
aboiements offensifs, qui semblent témoigner d'un
véritable état hallucinatoire: et, si ce premier accès
n'amène pas l'épuisement complet et la mort,
l'animal reste durant un intervalle plus ou moins
long dans une sorte de torpeur somnolente à
laquelle peut même se joindre, comme pour compléter le tableau de l'attaque d'épilepsie, le ronflement (1). »

(1) *Travaux de Laboratoire et de Physiologie de la
Faculté de médecine de Paris*, 1885, p. 107, par le
docteur J.-V. Laborde.

Puis, enfin, survient un nouvel accès qui ne dure
guère plus de deux heures, et l'animal meurt.

Nous avons relaté cette expérience pour démontrer que, dans toutes celles qui ont pour but l'étude
des poisons, il n'est pas possible d'employer des
anesthésiques, mais il nous sera bien permis de
faire remarquer à quoi peuvent bien servir de pareilles expériences en ce qui concerne la pathologie;
ce ne sont que distractions, des amusements
comme l'expérience suivante, et rien de plus.

Béclard nous apprend que (1) : « M. Thiry a pratiqué sur des animaux vivants des fistules intesti-
nales par un procédé *nouveau* (*sic*). Les animaux
survivent plus difficilement à l'opération.

« M. Thiry et, après lui, MM. Ludwig Kühn et
Schiff ont néanmoins réussi à conserver quelques
animaux vivants.

Voici comment on procède : on ouvre l'abdomen
et on attire au dehors une anse d'intestin grêle
d'environ 60 contimètres de longueur... On réunit
par suture les deux bouts de l'intestin... Si l'animal
a la fortune de survivre, il reste au bout de
quinze à dix-huit jours une double ouverture fistu-
leuse. »

Combien il est nécessaire de pratiquer de pareilles
expériences, comme elles sont utiles ! Nous l'avons

(1) *Traité élément. de physiologie*, pp. 128 et 129.

mentionnée pour démontrer qu'il n'est pas possible d'employer des anesthésiques pour des opérations qui durent quinze à dix-huit jours.

On ne peut non plus les utiliser dans tous les travaux qui portent sur l'étude du système nerveux, travaux si fort en honneur dans ces dernières années chez les physiologistes. S'il nous fallait encore des preuves pour le fait que nous venons d'avancer, nous les trouverions dans le rapport de la Commission royale britannique déjà cité, dans lequel William Fergusson dit formellement que : « les expériences faites sous l'action des anesthésiques sont complètement inutiles, attendu qu'une expérience concluante ne peut avoir lieu que sur un animal dans des conditions normales. »

Et nous ajouterons, à fortiori, dans des expériences qui durent plusieurs jours ; donc fausseté et mensonges ! Aussi, quand les médecins disent employer les anesthésiques, notamment le *curare* (1), on ne doit pas les croire ; c'est afin de

---

(1) Le *curare* est ce terrible poison avec lequel les sauvages de l'Orénoque frottent leurs flèches.

Dès que, par une simple piqûre, ce poison est introduit par le sang dans l'organisme, il a pour effet de paralyser complètement le système des nerfs moteurs. Il fait alors de l'animal un cadavre vivant. Sans qu'il puisse pousser un cri, on lui déchire les chairs, on lui ouvre le ventre, on lui crève les yeux, on lui ampute les membres, on lui trépane ou on lui scie le crâne, on lui brûle l'épine dorsale ou autres parties du corps, et l'animal ne peut pousser aucun cri, ce

tromper le public et, en réalité, ils se gardent bien
de pratiquer une méthode qui les empêcherait de
faire des recherches dépourvues de toute espèce
d'utilité ; ils le voudraient, du reste, qu'ils ne pourraient employer des anesthésiques ; nous pensons
l'avoir suffisamment démontré : aussi pouvons-
nous bien dire que l'animal soumis aux expériences souffre avant, pendant et après l'opération,
s'il n'en meurt pas. Ceci, qui paraît peut-être
exagéré, est vrai en tous points, car, dès que l'animal
rentre dans une salle de vivisection, il se met à
trembler de tous ses membres et semble implorer
la pitié des personnes qui se trouvent devant lui :
on le martyrise alors pour le placer dans des sortes
de chevalets de torture dénommés *gouttières* (1).
Une fois que l'animal y a été assujetti, on commence à le *charcuter*, comme nos lecteurs le savent
déjà (n'insistons pas) : puis, l'expérience terminée,
s'il n'a pas succombé, on le ramène à la cage, où il

qui serait cependant comme une sorte de soulagement à
son martyre.

Et, comme il ne peut même respirer naturellement, on le
fait respirer d'une manière artificielle, à l'aide d'un appa-
reil fabriqué exprès.

La torture que subit l'animal est indescriptible, car ses
nerfs sensitifs restent non seulement intacts, mais ils sont
doués d'une acuité, d'une sensibilité beaucoup plus grandes.

Quel terrible supplice ! Combien longues doivent paraître
les heures au pauvre animal ainsi torturé !

(1) Ce terme est une mauvaise traduction du mot allemand *Hund-halter*, qui signifie littéralement *machine à*

souffre de longs jours avant de se remettre, et, s'il n'a pas le bonheur de crever. il sert alors pour de nouvelles tortures.

Par exemple le docteur Legg s'amusait à ligaturer les conduits biliaires à 16 chats. il les torturait ensuite pour exciter leur bile. et les animaux, suivant leur force de résistance, ne succombaient qu'au bout de 7, 9. 13. 16. 18. 19 et 20 jours.

Un chien. sur lequel le docteur Perl avait pratiqué la même opération. vécut 19 jours, mais il maigrissait à vue d'œil, bien qu'il eût une *faim canine*.

Les docteurs Camelin, Galowin. Leyden, Henri Mayer et Tiedmand pratiquèrent les mêmes expériences que les docteurs Legg et Perl et aboutirent à des résultats tout différents.

Le docteur Brunton sacrifia 250 à 300 chats pour faire sur le poison choléra des expériences tout à fait inutiles, et plus de 80 autres chats pour faire sur le venin du serpent sur le venin trigonocéphalo-lachésis) des études dont la science n'a retiré et ne retirera jamais aucun profit.

tenir les chiens: il en existe trois modèles : ceux de Czermack. de Brunter et de Bernard. mais qui ne diffèrent entre eux que par quelques détails. Le chien est garrotté dans ces instruments de supplice, puis complètement vissé; on lui ficèle solidement la gueule. on lui passe sous le nez un fer recourbé que l'on visse également. de sorte que le pauvre animal, serré dans tous ces engins durs et meurtriers, ne peut effectuer le moindre mouvement. Il est difficile d'imaginer un pareil supplice.

Les docteurs Progler et Feinberg, après avoir tondu 18 à 20 lapins, les enduisent de vernis pour voir jusqu'où va leur résistance à ce traitement; de ces animaux, les uns meurent vingt-quatre heures après leur vernissage, les autres quarante heures après.

Le docteur Burdon Sanderson injecta du pus dans le sang d'un nombre incroyable de chiens pour éprouver leur degré de résistance à ce genre d'empoisonnement; les uns souffrirent le martyre pendant cinq, six et sept semaines avant de mourir, par suite de la décomposition générale de leur sang.

Et voilà les messieurs qui empêchent, par le magnétisme, le soulagement des maux dont est affligée l'espèce humaine! Mais poursuivons.

Le professeur Nathnagel de Fribourg perça le crâne à un certain nombre de chiens et, à l'aide d'une seringue à injection, il leur injecta dans le cerveau de l'acide chromique. La plupart de ces animaux moururent le troisième jour ou le quatrième jour suivant, à la suite de grandes douleurs; mais six d'entre eux vécurent jusqu'au dix-septième jour, s'amaigrissant de plus en plus et d'une manière effrayante; c'étaient de vrais squelettes n'ayant que la peau sur leur charpente osseuse.

Deux enragés vivisecteurs, les docteurs Chaussat et Selig, faisaient mourir de faim des chiens et des

lapins pour étudier jusqu'où pouvait aller leur
force de résistance ; les pauvres lapins mouraient
dans les cinq à six jours, et les chiens vivaient des
semaines entières.

Legallois asphyxiait des lapines pleines en leur
plongeant la tête sous l'eau. Les fœtus renfermés
dans le sein de la mère asphyxiée pouvaient être
retirés vivants douze, quinze et vingt minutes après
la mort de la mère..... Buffon avait pratiqué cette
expérience plusieurs, fois de suite sur le même
animal, en ayant soin de le laisser respirer pendant
un pareil espace de temps entre chaque épreuve (1).

Nous pourrions poursuivre encore bien longtemps nos citations, nous ne le ferons pas : toutes
les expériences ici relatées prouvent bien que nous
n'avons exagéré en rien les diverses opérations de
vivisection que nous disions être en usage chez les
vivisecteurs depuis des années et des années.

Nous ajouterons que souvent, trop souvent
même, les expériences de vivisection ne sont pas
toujours exécutées avec l'intelligence et la rigueur
qu'elles réclament.

Nous lisons en effet, dans le *Traité* du D^r L.
Moynac, le passage suivant qui témoigne du peu
de soin que prennent les expérimentateurs pour
arriver à des conclusions justes et sérieuses ; ainsi

(1) Béclard, *Traité élémentaire de Pysiologie*, p. 413.

dit l'auteur ci-dessus mentionné : « Malgaigne, voulant prouver que l'encéphale ne saurait être comprimé par le sang, poussa des injections d'eau dans le crâne d'animaux vivants; effectivement, les accidents ne survinrent que lorsque l'injection fut considérable, mais peut-on comparer l'eau facilement absorbable, se répandant sur toute la surface du cerveau, au sang qui se coagule et forme une tumeur ? »

Enfin, les bons docteurs exécutent un grand nombre d'expériences, en vue de la réclame qu'elles font aux exécutants; quand il a été question, par exemple, du surmenage intellectuel des jeunes lycéens, on a pu lire dans bien des journaux ce qui suit : « A la Société de Biologie, MM. Chardin et Roger ont fait une communication des plus intéressantes sur l'influence de la fatigue et du surmenage comme causes prédisposantes des maladies microbiennes.

« Pour cela, les éminents docteurs enferment des animaux dans une cage à écureil, où ils sont forcés de marcher jusqu'à une extrême fatigue environ six ou sept heures par jour, faisant vingt-deux hectomètres à l'heure. Ce sont des rats *blancs* (*sic*) qui ont servi à l'expérience, en raison de leur résistance à la fatigue et aux inoculations charbonneuses qu'on voulait leur pratiquer. (Nous ne pensons pas que les rats blancs soient plus résistants que les rats gris mais enfin, passons.)

« Or, tandis que les animaux témoins, inoculés, guérissaient après l'inoculation. ceux qui étaient soumis à l'exercice forcé ne tardaient pas à succomber avec tous les symptômes du charbon. »

C'est avec de pareilles réclames que l'on arrive à se faire une réputation de savant et à se faire allouer des fonds pour ses essais et des millions pour créer des Instituts rabiques ou antirabiques (à volonté), mais n'anticipons pas sur ce que nous dirons plus loin sur les *Travaux Pastoriens*.

CHAPITRE VI

PARALLÈLE DES SERVICES RENDUS ET DES ATROCITÉS COMMISES

Nous avons vu, mais en partie seulement, les nombreux crimes de la vivisection : arrivé à ce point de notre étude, nous croyons utile d'établir une sorte de parallélisme entre les services rendus et les atrocités commises par les vivisecteurs.

Enumérons donc les grands services et les *immenses* découvertes de la vivisection.

S'ils sont si considérables, ces services, nous nous inclinerons ; si les résultats pompeusement annoncées sont acquis, nous les admettrons ; s'ils sont controversés, nous étudierons la controverse, puis nous nous rangerons de l'avis des plus compétents, c'est-à-dire que nous ne sortirons pas du cercle des médecins et des physiologistes pour élucider la question. De cette manière, nos conclusions seront sûres, vraies, impartiales et devront être admises par tous les hommes de bon sens; de plus, n'étant ni docteur, ni physiologiste, ni inféodé à une coterie quelconque, notre jugement sera empreint de justice et de loyauté ; il pourra dès lors être accepté par tout homme qui recherche la vérité.

Ceci bien compris, examinons les services rendus par la vivisection, ainsi que les grandes découvertes qu'elle a fait faire à la science.

A en croire les vivisecteurs, ces services et ces découvertes seraient de la plus haute importance ; énumérons : découverte de la circulation du sang, physiologie du système nerveux, glycogénie, température du sang, inactivité de l'estomac dans l'acte du vomissement, fonction de la bile, du cerveau, du cervelet, du système nerveux, etc., etc., enfin et surtout, les découvertes Pastoriennes.

Comme on voit par cette nomenclature encore fort abrégée, nous aurions, au dire des vivisecteurs, pas mal de découvertes sur la planche ; nous allons voir ce que tout cela donnera, après son passage au crible, c'est-à-dire après examen.

Sans la vivisection, nous disent les physiologistes, Harvey n'aurait jamais trouvé et pu expliquer la circulation du sang.

Or rien n'est plus faux que ce fait, et, si quelqu'un doit le savoir, c'est Harvey lui-même ; et il a déclaré que sa découverte n'est due « qu'à l'étude attentive des indications apportées par la nature des vaisseaux sanguins dans les veines du cadavre

et par les résultats obtenus par la pression exté-
rieure, tantôt sur les artères, tantôt sur les veines
des sujets vivants » ; Harvey ajoute « qu'il ne
gagna rien au moyen de la vivisection, pas même
une idée (1) ».

Tout ce qu'il fit à l'aide de la vivisection fut de
démontrer le mouvement du sang sur la veine ju-
gulaire d'un cerf en présence du roi ; mais il n'ac-
complit cette expérience que pour intéresser le roi
à sa découverte. car il ajoute : « La même chose
peut être vue chaque jour dans la saignée ordinaire. »

On voit donc que nous sommes loin, fort loin
de la légende qui nous montre Harvey pratiquant
ses expériences sur des biches vivantes du parc de
Charles Ier, roi d'Angleterre.

Du reste, Michel Servet et André Césalpin
avaient présenté, avant le docteur anglais, cette
circulation, dont on trouve les traces chez les
Égyptiens eux-mêmes.

Passons à cette autre proposition, à savoir que
l'estomac peut rester inactif dans l'acte du vomissement.

Voici sur quoi se fondent les vivisecteurs pour
appuyer cette découverte : En 1830. Magendie
ouvrait le ventre à un animal, en retirait l'estomac

(1) Cf. *De la ligue contre la vivisection*, etc., par un Anglais, p. 391. 1 vol. gr. in-8°, Paris, 1879.

et le remplaçait par une vessie de porc, qu'il ratta-
chait tant bien que mal, mais plutôt mal, à l'œso-
phage et au duodénum : ensuite il recousait les
muscles et la peau de la paroi abdominale qu'il
avait incisée, et. dans cet estomac postiche, il
ingérait des liquides ou des aliments ; enfin il injectait de l'émétique dans les veines pour essayer
de provoquer le vomissement, qui n'arriva pas ;
d'où le grand physiologiste concluait que l'estomac
était passif dans l'acte du vomissement et que ses
contractions n'y contribuaient en rien. Or, ce qui
est vrai dans le cas présent, puisque l'estomac était
remplacé par une *vessie morte*. ne prouve pas du
tout que, dans un estomac vivant. ses contractions
n'aident pas dans l'acte du vomissement.

Et, malgré cela. les partisans de la vivisection
nous disent que Magendie et, à sa suite, les physiologistes modernes sont arrivés *aux résultats les
plus heureux !*

Lesquels résultats ? Nous voudrions bien les connaître, mais ils négligent de nous les décrire.

En ce qui concerne le système nerveux et toutes
les découvertes qui en dérivent, rien n'est moins
probant que les expériences de vivisection à ce
sujet, puisque souvent pour ces études les physiologistes prétendent employer le *curare* ou d'autres
anesthésiques pour ne point faire souffrir les animaux ; or nous savons que le *curare* paralyse chez

les animaux tous les mouvements et, par suite, le système nerveux tout entier.

Or, s'ils n'emploient point d'anesthésiques, les physiologistes nous mentent, ou, s'ils en emploient, leurs travaux n'ont aucune portée.

Du reste, tout est contesté dans la fameuse théorie de Haller, théorie qui fait résider l'irritabilité dans la fibre musculaire et qui donne, dit-on, la démonstration qu'il y a dans les divers organes des animaux trois ordres de parties, savoir :

1° Les parties irritables et musculaires ;
2° Les parties sensibles et nerveuses ;
3° Les parties non irritables et non nerveuses ; et qu'à ces trois ordres de parties correspondent trois ordres de propriétés : sensibilité, irritabilité, élasticité.

On nous dit encore que, sans les vivisections, nous ignorerions les fonctions glycogéniques du foie. Or les personnes au courant du mouvement scientifique n'ont pas encore oublié les discussions auxquelles ce sujet a donné lieu : d'un côté, Claude Bernard soutenait qu'au foie est « dévolue la propriété de fabriquer du sucre pour le besoin de l'économie ». D'autre part, M. L. Figuier, reprenant l'expérience de Claude Bernard, convainquit celui-ci d'erreur en démontrant par une minutieuse analyse l'existence du sucre dans le sang de la veine-porte des animaux nourris exclusivement de viande.

Devant ce résultat, la théorie de Claude Bernard était ruinée. Le savant physiologiste nia énergiquement l'existence du sucre dans la veine-porte chez les carnivores ; L. Figuier soutint âprement sa thèse. Ce que voyant, l'Académie des sciences chargea une commission *puisée dans son sein* d'étudier le point en litige et de décider en dernier ressort.

Après examen, comme un fait est un fait, il fallut bien se rendre à l'évidence et donner raison à Figuier.

Cependant, malgré le jugement de ses pairs, Claude Bernard ne voulait pas se rendre à l'évidence ; il batailla encore fort longtemps, équivoqua, joua sur les mots. Il prit le foie d'un animal, le réduisit en morceaux, les lava pour en chasser toute trace de sucre; enfin il abandonna au contact de l'air et de l'eau ce foie haché menu, en expurgea le sucre, et, chose bizarre, au bout d'un certain laps de temps, il put y constater la présence du sucre. Claude Bernard triomphait et soutenait que, même *post mortem*, cet organe avait *la propriété de secréter du sucre.*

C'était là une conclusion étrange, surtout chez un savant physiologiste, qui aurait dû savoir que ces secrétions posthumes n'étaient que le résultat d'une décomposition putride. En effet, le foie, haché et lavé, contient de la dextrine insoluble à l'eau, laquelle dextrine se transforme en sucre par fermentation, au bout de cinq à six jours.

Les faits que nous venons de rapporter se passaient vers la fin de l'année 1855. Or, en 1858, trois années plus tard, M. A. Samson, professeur d'agronomie, démontra que le glycogène était simplement une sorte de *dextrine* provenant non du foie spécialement, comme le prétendait Claude Bernard, mais des matières amylacées qui, à demi-digérées dans l'intestin, s'introduisent dans le foie avec le sang de la veine-porte pendant la digestion (1).

Ceci détruit donc de fond en comble la fameuse fonction glycogénique du foie et démontre par suite l'inutilité de la vivisection dans le cas présent, ainsi que dans les autres cas, que nous nous bornerons à mentionner sans les réfuter, sauf en ce qui concerne les travaux de M. Pasteur, sur le compte desquels trop de gens ont encore de fausses idées.

En ce qui concerne le cerveau, un grand nombre de physiologistes ont pratiqué des expériences

(1) Ceux de nos lecteurs désireux d'avoir des détails sur la formation du sucre dans les tissus autres que le foie les trouveront dans *la Physiologie humaine* de Beaunis, t. I⁻, p. 115 à 150.

sur le fonctionnement de cet organe et les résultats acquis à la science par la vivisection sont si peu concluants, qu'on pourrait les considérer comme à peu près nuls, car ce que Pierre affirme, Paul l'infirme.

Ceux qui se sont plus particulièrement distingués dans ces travaux sont les physiologistes suivants: Flourens, Goltz, Duret, Bochefontaine, Bouillaud, Carville, Franck, Février, Hermann, Hitzig, Schiff, Saltmann, Vulpian et d'autres encore; tous ces expérimentateurs s'arrêtaient en général à une destruction partielle plus ou moins considérable des lobes du cerveau ou la suppression du cervelet. Opérant sur des chiens, ils arrivent généralement à des contradictions flagrantes: aussi les uns déclarent que des *séries de chiens opérés deviennent malades et succombent en peu de jours* ; d'autres, que des *séries entières supportent les mutilations et guérissent dans un temps relativement court.*

Comme conclusion, Goltz déclare *qu'il n'arrive pas souvent que deux hommes soient du même avis dans les choses de la physiologie du cerveau.*

Et, tandis que certains expérimentateurs déclarent que *les mutilations pratiquées au cerveau n'endommagent pas la sensibilité de la peau,* d'autres, et parmi eux Goltz, affirment que *cette proposition est fausse.*

Flourens prétend que *l'extirpation totale du cer-*

veau d'un animal rend celui-ci aveugle; Longuet *prétend le contraire;* Schiff déclare expressément que *l'extirpation de toute une moitié du cerveau n'exerce aucune influence sur la vue* Hitzig soutient absolument et énergiquement *le contraire.* Ce dernier physiologiste dit que la mutilation du lobe postérieur du cerveau *prive de la faculté de voir du côté opposé.*

Goltz déclare que cette observation ne renferme qu'*une faible partie de la vérité,* et il ajoute que : chaque fois qu'on enlève à un chien *une partie considérable de la substance grise, l'animal devient aveugle du côté opposé, qu'on ait atteint ou non le lobe postérieur.*

CHAPITRE VII

ÉTUDES SUR LE CERVEAU

Nous ne poursuivrons pas plus longuement la revue de toutes les contradictions qu'a fournies l'étude du cerveau, contradictions consignées dans des ouvrages spéciaux, mais nous dirons que les discussions auxquelles a donné lieu cette étude dans les Académies de médecine et dans d'autres Sociétés scientifiques (1), ces discussions, disons-nous, fourniraient la matière à de nombreux volumes. Nous poursuivrons donc notre marche en avant pour épuiser le plus tôt possible le sujet qui fait l'objet de ce chapitre.

Ainsi, d'après les physiologistes, sans les expériences de vivisection, on ignorerait que les artères dans la circulation n'agissent pas par contraction, mais par élasticité ; que l'acide urique est un des

(1) A la Société d'anthropologie de Paris, par exemple, nous avons entendu pendant quinze ans des discussions contradictoires sur le rôle des circonvolutions du cerveau. sur son poids, etc., et la matière n'est point épuisée encore, tant s'en faut !

éléments principaux de la concrétion calculeuse
que l'absorption n'est pas une propriété vitale et
qu'elle se réduit à un simple phénomène d'imbi-
bition ; que la vapeur pulmonaire est formée par
l'action perspiratoire de la muqueuse des voies
aériennes, que le liquide céphalo-rachidien se trouve
dans le feuillet viscéral de l'arachnoïde, etc., etc.,
car il faut bien nous arrêter, nous n'en finirions
pas sans cela, puisque, d'après les vivisecteurs,
toutes les découvertes anatomiques. pathologiques
et thérapeutiques sont dues à la vivisection.

Cependant, pour compléter l'ensemble des soi-
disant découvertes de la vivisection, il nous reste
à parler de celles qui sont du domaine de la thérapeutique. Les vivisecteurs prétendent que Magendie a pu établir l'action d'un grand nombre de
médicaments nouveaux tels que la stychnine, la
morphine. l'iode. l'acide prussique, etc., etc. ; reste
à savoir les services que ces médicaments ont
rendus. Il nous ont donné la morphinomanie par
exemple ? Pour ce qui est de la toxicologie, la vivisection ne nous a rien appris. Les poisons tuent,
nous le savions.

Dans quelles proportions?

Nous l'ignorons encore !

Certains poisons sont plus dangereux pour
l'homme que pour les animaux. comme l'établit
par les lignes suivantes un physiologiste élève de

M. Charcot, le Dr Charles Richet (1) : « Un fait
bien intéressant dans l'histoire des poisons psychiques, c'est que les vrais poisons psychiques
comme la morphine, le haschich et l'atropine sont
incomparablement plus dangereux pour l'homme
que pour les animaux. Il faut, pour agir sur notre
intelligence humaine, une bien petite dose de morphine et de haschich ou d'atropine, tandis que
ces poisons sont presque sans effets sur les animaux. Il semble que, pour l'action complète de ces
substances, un système psychique bien développé
soit nécessaire. Sur le système psychique imparfait
des animaux, ces poisons n'ont presque pas d'effet
et alors même, avec de fortes doses, on ne voit pas
survenir d'effets toxiques. Un centigramme d'atropine est une dose presque dangereuse pour un
homme, tandis qu'on peut donner un gramme de
cette même substance à un chien sans qu'il en
meure. On en peut dire autant de la morphine
et du haschich qui ne tuent les animaux qu'à des
doses énormes. »

Telle est l'opinion de M. Ch. Richet, mais rien
ne nous dit qu'un de ses confrères ne diffère pas
totalement de son avis ; après ce que nous avons
vu, il nous est bien permis de le préjuger sans nous
montrer le moins du monde inconséquent.

(1) Ch. Richet, *Essai de Psychologie générale*, pp. 54
et 55. 1 vol. in-12, Paris, 1887.

Enfin, les vivisecteurs entonnent l'éloge de ce qu'ils nomment les grandes découvertes pastoriennes : vaccination charbonneuse des grands animaux et des animaux de basse-cour, vaccination rabique ou antirabique, c'est par ces découvertes que nous devions finir, car les découvertes de M. Pasteur sont le grand cheval de bataille des vivisecteurs ; aussi le *maître*, l'*immense savant*, comme ils le nomment, s'est admirablement servi des vivisecteurs, non pour faire des découvertes, mais pour se faire des rentes.

Les quelques lignes qui précèdent pourraient résumer toute l'histoire des travaux de M. Pasteur, mais les discussions passionnées auxquelles ils ont donné lieu nous obligent à y consacrer quelques chapitres

Résumant ce qui concerne l'étude des avantages et des résultats de la vivisection, nous dirons que, eu égard aux résultats que nous connaissons, les conquêtes faites par la vivisection sont bien minimes, en regard des atrocités et des monstruosités commises, surtout en face des hécatombes de victimes et des cruautés inouies des vivisecteurs que d'aucuns traitent de véritables assassins, par exemple, M. Haussens, député de Liège, qui en plein parlement a prononcé ce discours ou plutôt ce réquisitoire (1) :

(1) Extrait du *Journal officiel* belge, d'après une conférence de Mme Marie Huot. 7 août 1887.

« Je me permets de dénoncer à M. le ministre M. van Beneden, professeur de physiologie à Liège, comme le chef d'une bande d'assassins.

« Il s'agit de vivisection, terme général pour désigner les expériences sanguinaires ou cruelles pratiquées dans les laboratoires ou les hôpitaux tantôt sur les animaux, tantôt sur les malades.

« Pour découvrir la circulation du sang et d'autres faits admirables, on n'a pas dû se livrer à ces expériences infernales, qui sont aujourd'hui la monnaie courante de la science.

« Le code pénal a prévu le cas, mais il semble que ces dispositions soient lettre morte pour les professeurs de nos universités. Ni gémissements ni plaintes n'arrêtent les mains du sacrificateur ; il taille dans la chair vivante, il fouille les entrailles de ses victimes avec une impassibilité qui ne s'explique que par l'esprit de système.

« Autant j'admire l'héroïsme des savants qui vont au-devant de tous les périls, qui bravent tous les dangers pour découvrir la vérité, autant je répudie cette science orgueilleuse qui, sous prétexte de saisir l'énigme de la vie, se livre à des actes dont les tribunaux devraient faire justice. »

Et les vivisecteurs ne sont pas de simples assassins, ils sont, comme on va le voir, doublés de sorciers. En effet certaines personnes très versées dans les sciences occultes n'ont pas craint de traiter de

sorcellerie, de magie noire les opérations de vivisection.

Voici ce que nous lisons à cet égard dans le
Lotus (1) sous la signature de H.-P. Blavatsky :

« Les Voudous et les Dugpas (2) mangent,
boivent et se réjouissent sur les monceaux de victimes de leurs arts infernaux, tout aussi bien que
les élégants vivisectionnistes et les hypnotiseurs
diplômés des Facultés de médecine : la seule différence entre ces deux classes de gens, c'est que les
Voudous et les *Dugpas* sont des sorciers en connaissance de cause, tandis que les Charcot-Richet
sont des sorciers inconscients..... Nous le répétons,
l'*hypnotisme* et la *vivisection* sont de la sorcellerie
pure et simple, moins un savoir, dont jouissent
les *Voudous* et les *Dugpas* et qu'aucun Charcot-
Richet n'est capable d'acquérir par cinquante
incarnations d'étude obstinée et d'expérimentation
suivie. »

Ces deux citations prouvent combien sont mau-
dites pour toutes les âmes honnêtes les abominables
expériences de vivisection.

____

(1) Deuxième année du Lotus, nos 19 20 octobre et
novembre 1888, p. 389.
(2) *Voudous* et *Dugpas*, nom de deux classes de sorciers
de l'Inde.

CHAPITRE VIII

LES DÉCOUVERTES DE PASTEUR. INCERTITUDE SUR LEUR VALEUR

Avançant dans notre étude, nous abordons ici une des plus grandes questions soumises au jugement des hommes de la science contemporaine.

Il est toujours délicat, sinon difficile, de parler d'un homme dont la réputation scientifique est considérable. Si l'écrivain est partisan de l'homme ou du moins des théories préconisées par l'homme en question, il est traité de vil flatteur. Si, au contraire, l'écrivain combat des théories et des découvertes qu'il croit erronées ou fausses, il s'expose à être traité de vil pamphlétaire, qui bave comme un vil jaloux sur les célébrités contemporaines, sur les immenses savants officiels.

Devant une pareille alternative, notre rôle se bornera donc à présenter les découvertes de M. Pasteur, puisqu'elles ne sont dues, dit-on, qu'à la vivisection, et à placer ensuite le résumé des travaux d'éminents savants sur ces mêmes travaux. Comme nous sommes de ceux qui pensent que tout le monde a plus d'esprit que Voltaire, nous estimons, de même. que l'opinion d'un très grand nombre de physiologistes a plus de valeur que celle d'un seul, celui-ci fût-il, au dire de ses partisans, *un immense savant.*

Nous placerons donc sous les yeux du lecteur les pièces du procès, ce qui lui permettra de juger par lui-même et d'approuver ou de rejeter ainsi nos conclusions.

Examinons tout d'abord les découvertes dites pastoriennes.

M. Pasteur est, sinon l'inventeur, du moins le plus fervent apôtre de la *Doctrine des Microbes ;* d'après lui, toutes les maladies contagieuses sont dues à des microbes. Ces maladies, on le sait, sont des affections ayant la faculté de se communiquer d'un sujet à d'autres de la même espèce ou à des sujets d'espèces différentes.

Parmi les maladies contagieuses, les unes sont virulentes, comme la rage, le charbon, la fièvre typhoïde ; d'autres sont parasitaires, telles que la gale, la trichinose, etc.

Les maladies virulentes se transmettent au moyen d'un virus que les uns disent être *un élément inconnu dans sa nature,* tandis que d'autres, M. Pasteur, par exemple. déclarent être *parfaitement connu.*

Quoi qu'il en soit, les virus sont *fixes* ou *volatils,* d'autres sont à la fois *fixes* et *volatils.* Mais, quelle que soit leur nature, M. Pasteur déclare que ces virus sont des végétaux cryptogames qu'il dénomme *Microbes;* de plus, il affirme qu'en cultivant ces microbes et en les diluant dans certaines substances, il peut par des opérations diverses les atténuer de façon à obtenir des vaccins pouvant être inoculés sans danger à des sujets, c'est-à-dire que ces vaccins empêcheraient ces sujets de succomber aux atteintes des maladies contagieuses.

Comme on le voit, si les théories de M. Pasteur étaient justifiées, la vivisection aurait ici à son actif, une des plus belles découvertes, et l'humanité ne saurait être jamais assez reconnaissante envers l'homme qui lui aurait rendu un service aussi éclatant, puisque le charbon, la rage, la syphilis, la morve et autres maladies contagieuses pourraient être totalement enrayées, grâce à des vaccinations anticharbonneuses, antirabiques, antimorviques, antisyphilitiques, etc., etc., et l'homme serait débarrassé à jamais de ces fléaux véritables : telles sont les prétentions de M. Pasteur.

Sont-elles justifiées ?

C'est ce que nous allons examiner.

Nous n'avons pas à nous occuper ici des partisans de la méthode Pasteur ; ils emboîtent naturellement le pas du *maître* et suivent ses errements ; c'est élémentaire. Donc, en répondant à M. Pasteur, on répond du même coup à ses partisans. Voyons donc ce qu'on reproche à la théorie pastorienne.

Ses contradicteurs déclarent tout d'abord que les microbes sont les produits et non les agents de la fermentation, et, par suite, ce ne sont pas eux qui causent les maladies. Comme on le voit, si ces prémisses sont vraies, tout l'échaufaudage de la méthode Pasteur croule à la fois, d'un seul coup.

Il faut donc, avant de les admettre, les prouver ; c'est ce que nous allons faire.

D'après M. Pasteur, nous venons de le voir, les microbes sont des végétaux cryptogames, de petits champignons de la même famille que les moisissures, mais de plus petite taille encore. Ces moisissures, composées de filaments très ténus, auraient la propriété de décomposer les objets sur lesquels on les trouve. Or, les contradicteurs de la méthode soutiennent que ces moisissures ne naissent et n'apparaissent, par conséquent, qu'après la décomposition des objets, et ils citent, à l'appui de leur dire, les exemples suivants :

« Si l'on prend, disent-ils, une pomme ou une poire et qu'on la cogne contre un corps dur et résistant, au bout d'un laps de temps plus ou moins long, suivant la température et le milieu ambiant, la pomme et la poire pourrissent, et sur cette pourriture on voit apparaître les végétaux cryptogames ou *moisissures*. »

Voici ce que répondent les disciples de M. Pasteur, car lui se dissimule le plus possible derrière sa haute situation scientifique ; il a autre chose à faire qu'à répondre à ses contradicteurs :

« En meurtrissant la poire, disent les Pastoriens, vous avez pratiqué sur elle de petites ouvertures à leur derme et à leur épiderme ; c'est par ces ouvertures que pénètrent les germes des cryptogames qui l'ont décomposée, car, vous le savez bien, il ne faut pas l'oublier, l'air contient des millions et des millions de ces germes à l'état de corpuscules invisibles. »

Soit, ripostent les contradicteurs, mais, quand on coupe nettement au couteau une poire en deux, chacune de ces moitiés offre une bien plus large surface à ces germes, et d'où vient que la poire ne pourrit pas ?

Les disciples de Pasteur ne répondent point, et leurs contradicteurs, poursuivant leurs questions indiscrètes, passent en revue la fracture de la cuisse d'un individu, les contusions que se fait un cheval en glissant sur un terrain uni, etc., etc.

Enfin, les contradicteurs concluent en disant, de ce qu'on trouve des bactéridies dans le sang des personnes mortes de la fièvre typhoïde, on ose prétendre que ce sont des microbes qui ont tué ces personnes, bien que la présence de ces microbes ne soit constatée du vivant de la personne, mais seulement après son décès, plusieurs jours après, parfois.

Même silence des disciples : quant au maître, il combat lui-même ses propres théories, car un jour il dit une chose, et le lendemain il en déclare une autre. Nous trouvons ceci parfaitement exposé dans un volume de M. Paul Boullier (1). Voici ce qu'on y lit page 19 : « MM. Brauell, Leplat, Sanson, Tailhard n'ont jamais trouvé de bactéridies charbonneuses dans le sang d'animaux atteints du charbon qu'après la mort de ces animaux ; pourquoi donc affirmer que ce sont ces bactéridies qui les ont fait périr ? Non seulement les théories de M. Pasteur sont complètement fausses, mais, ce qu'il y a de plus curieux, c'est que, sans s'en apercevoir, leur auteur les détruit lui-même par certaines réponses qu'il fit autrefois aux professsurs de l'école vétérinaire de Turin et à des vétérinaires français.

« Il y a quelques années, les professeurs de l'école vétérinaire de Turin vaccinèrent un troupeau de moutons d'après la méthode Pastorienne; quelques semaines plus tard, voulant savoir si ces moutons étaient réfractaires au sang de rate, ils leur inoculèrent un peu de sang charbonneux, ce qui les fit tous périr.

« Instruit du fait, M. Pasteur, en *homme pratique*, écrivit à ces messieurs que :

1 *La Vérité sur M. Pasteur*, par P. Boullier, 1 vol. in-8, Paris, 1887.

« Si les moutons en question avaient succombé,
« c'est qu'on leur avait inoculé du sang d'un ani-
« mal mort depuis vingt-quatre heures, et qu'après
« ce temps, le sang charbonneux ne reproduit plus
« le charbon, mais la septicémie. »

« Vous le voyez, l'idole de la rue d'Ulm prétend,
sans avoir vu, que le sang charbonneux dont se
sont servis les professeurs de Turin provenait
d'un animal mort depuis vingt-quatre heures ; il
avait donc oublié déjà que, quelques mois au-
paravant, il avait soutenu que le virus charbonneux *se conservait des années entières !*

« En laissant de côté ce petit détail, nous nous
demandons ce que ces messieurs ont pu penser
d'une telle réponse.

« A notre tour, pour mettre en meilleur jour les
connaissances de M. Pasteur en histoire naturelle,
nous allons admettre qu'il avait raison.

« Les bactéridies, d'après ce chimiste, étant
des végétaux cryptogames, des êtres ayant une
organisation spéciale, comment se fait-il que, vingt-
quatre heures après la mort du sujet sur lequel on
les trouve, ces bactéridies aient disparu en donnant naissance aux bactéridies de la septicémie
qui ne sont pas de la même espèce ?

« Tout être organisé reproduit un être semblable
à lui-même. M. Pasteur ne s'aperçoit pas qu'il viole
les lois de la nature ? »

« Plusieurs de nos collègues. ayant écrit à M. Pasteur que « la vaccination charbonneuse faisait périr un grand nombre d'animaux », voici quelle fut sa réponse :

« Le flacon renfermant mon vaccin devrait être constamment fermé, et en vaccinant vous le laissez peut-être un peu ouvert, de sorte que le contact de l'air transforme son contenu. qui de vaccinal devient septique. »

« Ce qui veut dire en bon français que les bactéridies charbonneuses atténuées se transforment en bactéridies septiques non atténuées, puisqu'elles causent la mort.

« Comme nous l'avons déjà dit, tout être organisé reproduit un être semblable à lui ; à plus forte raison, un être d'une espèce ne peut se transformer en un être d'une autre espèce.

« Voici quelques-unes de ses réponses à nos collègues :

« Mon vaccin se sera *éventé* et aura causé la mort des moutons dont vous me parlez, disait-il à l'un. tandis qu'à un autre, il écrivait : « Dans mon laboratoire. on se sera trompé de vaccin ! ! ! »

De pareilles réponses devraient donner à réfléchir aux agriculteurs qui se livrent à l'élevage des animaux. car, s'ils vaccinent tout un troupeau avec du vaccin *éventé*, il périra : ensuite, si on se trompe dans le laboratoire fabriquant le vaccin, est-ce que le vendeur ne doit pas être responsable d'une erreur qui peut causer à l'agriculture des pertes énormes ? Nous n'insisterons pas sur ce sujet, bien qu'il ait une grande importance, parce qu'ici nous n'avons à nous occuper que de la question scientifique ; et nous terminerons cette citation de M. Paul Bouillier par les quelques lignes suivantes, qui nous paraissent topiques : « Ce qui prouve que M. Pasteur n'a lui-même aucune confiance dans ses découvertes, c'est qu'il eut l'audace de dire à la Société centrale de médecine vétérinaire de Paris que les vétérinaires ne devraient pas vacciner des animaux sans les avoir préalablement assurés contre la mortalité » !

Il semble qu'après cela, il n'y a rien à ajouter, car dire : « Mon vaccin est très bon, mais enfin il ne peut rien valoir, et pour plus de sécurité, afin de ne point perdre votre argent, faites assurer les animaux avant de les vacciner », ce raisonnement tendrait à prouver que Jean Ralph du *Charivari* (1) a bien raison quand dans un article humoristique il montre le peu de confiance que M. Pasteur a dans sa méthode ; il y dit que les encenseurs du savant forment un véritable troupeau : « Je ne demande pas mieux, ajoute-t-il, que d'être du troupeau de M. Pasteur ; je suis prêt à joindre ma voix

____

(1) Reproduite dans la *France* du 1er juillet 1884.

aux vivats : cependant, je ne saurais m'empêcher
de faire une petite remarque :

« M. Pasteur déclare avoir trouvé le remède
contre la rage. On lui amène un enragé. Il refuse
de le traiter en avouant qu'il n'est pas encore assez
sûr de son fait. — Et d'un.

« Le même savant, l'année dernière. menait
grand tapage de ses découvertes sur le microbe du
choléra, donnant des formules, ayant l'air de
régenter la maladie et regrettant que l'Egypte fut
si loin, sans quoi il se serait précipité sur ce champ
d'observations.

« Le choléra éclate aujourd'hui à Toulon : c'est
à sa portée.

« M. Pasteur fait le mort. Il n'est plus question
de lui. de sa doctrine, ni de ses microbes, ni de ses
inoculations, ni de ses prétentions. — Et de deux !

« Je confesse qu'au troisième coup, je me per-
mettrai de prendre cet illustre pensionné pour un
mystificateur ! »

Depuis lors, il en est survenu, des troisièmes
coups. des quatrièmes et des cinquièmes, etc. Bref,
on ne les compte plus. Par exemple. il y a eu une
mission Pasteur envoyée en Egypte : mais Pasteur
n'y était point. et l'un de ses élèves, le Dr Thuillier,
y mourut à sa place.

Diverses personnes ont offert à M. Pasteur. et
cela publiquement. de se faire mordre par un chien

enragé, qu'elles se soigneraient comme elles l'entendraient, et que lui, M. Pasteur, s'inoculerait tout bonnement son virus antirabique, qu'il dit être aujourd'hui si bon pour tout le monde, mais qu'il ne peut consommer lui-même, parce que l'un de ses disciples, M. Granger, l'en empêche : nous rapportons ce fait plus loin, où le lecteur le trouvera développé tout au long.

Ici, nous résumant en ce qui concerne les découvertes Pastoriennes, nous dirons que leur valeur est tout à fait incertaine, tellement incertaine que le grand savant n'y croit pas, n'a pas une foi assez robuste pour tenter des essais qu'on lui a proposés de divers côtés; bien différent en cela du Dr Bochefontaine, dont tout le monde savant connaît la courageuse expérience pratiquée sur lui-même.

Pour prouver la non-contagiosité des produits cholériques qui contiennent le bacille-virgule, le brave docteur ingéra dans son estomac, sous forme de pilules, des produits cholériques dangereux, et, non content de cette ingestion, il se les inocula encore sous la peau du bras, ce qui était moins répugnant, et n'en mourut pas.

Voilà un argument *ad hominem*, une démonstration en bonne et due forme, et qui coupe court à toutes les discussions. Bochefontaine, on le voit, était un vrai savant, qui avait non seulement le courage de ses opinions, mais qui était assuré encore du fait scientifique qu'il avançait.

Il est bien fâcheux pour M. Pasteur qu'il n'ait pas suivi ce noble exemple ; c'était le seul moyen de prouver à ses contradicteurs le bien fondé de sa méthode et la sécurité complète qu'elle peut présenter.

CHAPITRE IX

DÉCOUVERTES PASTORIENNES : LEUR CONDAMNATION

Dans une étude aussi succincte que la nôtre, il ne nous est pas possible de suivre par le menu les innombrables griefs qu'on reproche à la méthode Pasteur, que son auteur a l'audace de qualifier de *prophylactique* (1) : mais nous donnerons le résumé de certains faits certains, authentiques, incontestables et incontestés qui démontrent hautement, d'une façon péremptoire, sans conteste possible, l'erreur de cette méthode, ses dangers même. et les faits que nous rapportons sont d'une telle gravité qu'ils sont la condamnation la plus éclatante de la méthode du *Maître* : du reste. ce grand savant n'est pas. comme on le croit généralement. et comme il le laisse croire, l'inventeur de ses prétendues découvertes. Il a souvent étudié et croit

1 C'est-à-dire *préservatrice :* or. si réellement la méthode en ce qui concerne la rage était telle, ce n'est pas l'homme qu'il faudrait traiter après morsure d'animaux enragés, mais les chiens, les chats. les loups qu'il faudrait vacciner, pour les rendre inoffensifs.

avoir perfectionné des méthodes abandonnées par leur véritables inventeurs. parce que ceux-ci les croyaient mauvaises.

Il ne peut pas, par exemple. se dire l'auteur de la doctrine parasitaire. il s'en est fait seulement l'ardent apôtre. parce qu'il y a vu un moyen d'arriver ainsi à la célébrité et à la... fortune.

Les grands succès de M. Pasteur sont surtout l'œuvre de nombreux adeptes, qui ont porté aux nues une théorie qui a l'air d'expliquer tout et plus particulièrement quelques points obscurs de la science : mais de ce qu'une solution est simple et ingénieuse. il ne s'ensuit pas qu'elle soit toujours exacte.

La théorie des microbes explique tout. avons-nous dit : choléra, phtisie, charbon, rage. rougeole, érésipèle, etc., etc. : de là son grand succès. Seulement cette belle théorie est renversée par des médecins qui en très grand nombre prétendent que le microbe (quand il y en a). au lieu d'être la cause de la maladie, nous l'avons dit précédemment, semble n'être que le résultat de la maladie. Or cette objection tire surtout sa valeur de cette observation qui paraît très juste : « Comment se fait-il, puisque tout dans notre monde n'est que microphytes et microzoaires, comment se fait-il qu'il existe d'autres êtres vivants ?

Cette observation présentée par le professeur

Marchand est très judicieuse. car c'est une loi économique de la nature que le nombre est toujours en définitive le plus fort et que la fraction ne saurait lui être supérieure, en tant que destruction.

Ensuite beaucoup de médecins ne sont nullement convaincus de l'importance et du rôle du microbe, comme cause constante et spécifique des maladies infectieuses.

On pourra objecter, cependant. qu'en général tous les médecins utilisent dans les traitements de la prophylaxie de ces maladies une médication antiseptique et antiparasitaire, principalement des substances camphrées et phéniquées : c'est très vrai, mais, s'ils agissent ainsi. c'est pour détruire le virus infectieux et désinfecter. pour ainsi dire, les malades, et cela sans s'occuper des microbes.

En ce qui concerne les vaccinations anticharbonneuses. nous sommes également obligés. avant d'en parler. de constater aussi que Pasteur n'en est pas l'inventeur, puisque, dès le 6 juillet 1880. M. Henri Bouley présentait à l'Académie de médecine (dont était membre M. Pasteur une note de M. Toussaint sur l'*Immunité pour le charbon, acquise à la suite d'inoculations préventives.*

Six jours après, le même M. Henri Bouley présentait également la même note à l'Académie des sciences (dont était membre M. Pasteur).

« Sans entrer dans les discussions qui eurent

lieu à l'Académie de médecine, dit M. P. Boullier (1), entre MM. Béclard, Bouley, Depaul, J. Guérin et Lefort, nous indiquerons le procédé de M. Toussaint. Ce jeune savant chauffait pendant dix minutes le sang charbonneux défibriné de 5o à 55 degrés pour le transformer en vaccin, dont deux inoculations faites à quelques jours d'intervalle devaient communiquer l'immunité aux animaux d'expériences.

« Neuf mois et demi plus tard, 21 mars 1881, M. Pasteur annonçait à l'Académie des sciences qu'il venait d'*inventer* la vaccination charbonneuse. Son procédé consistait également à chauffer le sang charbonneux et à faire deux inoculations Il avait donc copié le professeur de Toulouse, et par conséquent sa prétendue grande découverte n'était qu'un plagiat. »

M. Boullier se contente de rapporter des faits; ils sont trop connus dans le monde scientifique pour qu'il soit nécessaire d'en fournir des preuves: mais nous qui écrivons pour un public moins restreint, nous ajouterons comme complément à ce qui précède et comme pièce probante que le Dr Toussaint était bien *l'inventeur du procédé*, puisque l'Académie des sciences lui décernait le *Prix Vaillant*.

(1) Ouvrage cité plus haut, p. 25.

Voici en quels termes l'annonçait le *Journal de Micrographie* (numéro d'avril 1883) :

« Pendant ce temps, une commission de l'Académie des sciences décernait le *Prix Vaillant* à M. Toussaint, de Toulouse.

« M. Toussaint est, comme on le sait, le modeste et désintéressé professeur de l'Ecole vétérinaire de Toulouse qui, avant que les procédés de M. Pasteur fussent connus, a trouvé le moyen d'atténuer par la chaleur le virus charbonneux et d'en faire un vaccin préservatif. Seulement il a généreusement livré son procédé à la publicité, au lieu de le tenir secret pour le vendre et s'en faire des rentes. C'est lui qui méritait la pension de 25,000 fr. que sollicitait en ce moment M. Pasteur et qu'il obtenait quelques mois plus tard, avant les vacances, c'est-à-dire au moment où les députés votent tout ce qu'on leur demande, afin de s'en aller au plus tôt en villégiature ou regagner leurs circonscriptions électorales *pour s'entretenir avec leurs électeurs.*

Mais que M. Pasteur soit ou ne soit pas l'inventeur de la vaccination anti-charbonneuse, peu importe à la science ! Ce qu'il est intéressant de savoir, c'est si cette pratique est bonne et utile pour l'agriculture.

Eh bien ! non ; aujourd'hui presque tout le monde conteste cette utilité ; bien mieux, d'aucuns prétendent qu'elle est nuisible et qu'elle cause une grande mortalité parmi le bétail. c'est-à-dire des pertes immenses. incalculables.

Dans sa brochure sur la *Vaccination char-bonneuse*. le Dr Koch reproche à cette vaccination, telle que la pratique M. Pasteur, de n'avoir qu'une efficacité très douteuse: en effet. dit-il dans de longs développements que nous abrégeons pour notre lecteur. quand on vaccine un mouton avec un virus atténué de M. Pasteur, il peut survenir deux cas : le mouton en crève ou il n'en crève pas : s'il crève. on prétend que le vaccin était trop fort (pas assez atténué) : s'il ne crève pas, on dit qu'il a été guéri du charbon et qu'il est vacciné. c'est-à-dire qu'il a acquis l'immunité. Alors, si l'on répète l'opération pour faire la preuve, comme dans le premier cas. le mouton crève ou il ne crève pas. S'il crève. on dit (ce qui se voit) qu'il n'avait pas acquis l'immunité, parce que le vaccin était trop atténué ; d'où vaccination incomplète. Si le mouton ne crève pas, on dit alors qu'il était parfaitement vacciné.

Comme on voit, le procédé est très commode. Quoi qu'il arrive. le savant a toujours raison ; il peut se tromper impunément et impudemment, il a réponse à tout. Mais. dans la pratique, l'agriculteur qui vaccine avec des virus atténués ne sait jamais ce qu'il fait ; il ne sait même pas si. en voulant vacciner son troupeau pour éviter un péril imaginaire, il ne l'enverra pas à la mort; ce qui est un péril très réel et non seulement une perte sèche pour l'agriculture, mais aussi pour la fortune publique.

Mais ce n'est pas tout encore : revenant à M. Koch, nous dirons que, malheureusement pour M. Pasteur, son contradicteur est tenace comme un Allemand et qu'il a l'indiscrétion de demander à l'*immense savant* si le mouton est réellement préservé du charbon pour toujours et dans tous les cas qui peuvent se présenter, et il conclut à peu près dans ces termes :

« L'inoculation préventive suivant le procédé de M. Pasteur, à cause de l'immunité tout à fait insuffisante qu'elle confère contre l'infection naturelle, à cause du peu de durée de son action préventive et à cause des dangers qu'elle fait naître pour l'homme et les animaux non inoculés, ne saurait être utilisable dans la pratique. »

Ce qui veut dire clairement, car, pour être Allemand, on n'en est pas moins poli pour un confrère français, au contraire :

« Votre méthode ne vaut rien, absolument rien ; ce qui le prouve, c'est que vos moutons vaccinés avec du virus fort (non atténué) crèvent, tandis que ceux auxquels vous inoculez du virus atténué, c'est-à-dire de l'eau claire, peuvent ne pas crever, ce qui se comprend sans peine, mais néanmoins ce fait n'est pas encore bien certain ! »

Enfin, et c'est surtout ceci qui a fait bondir M. Pasteur, M. Koch dit à l'*immense savant* : « Vous n'êtes ni médecin ni vétérinaire, cela se voit quand vous venez nous parler de votre fameuse découverte du rôle des vers de terre dans l'étiologie du charbon : c'est se moquer du public ! »

Là-dessus, M. Pasteur répond que, s'il n'est ni médecin ni vétérinaire, il en sait à lui tout seul plus que les médecins et vétérinaires réunis : quant à ce qui est des vers de terre comme transporteurs du charbon, cela constitue une très grande découverte, et qu'en définitive lui, Pasteur, vaccine des troupeaux, surtout dans la Beauce, etc., etc., mais malheureusement, dans une longue réponse insérée dans la *Revue Scientifique*, il ne retorque aucun des arguments très sérieux de son adversaire.

Terminons ce chapitre en mentionnant une observation du docteur J. Pelletan qui a une grande importance. Parlant d'une discussion qui n'a pas duré moins de cinq mois devant l'Académie de médecine et dans laquelle il a parlé longuement des microbes et des parasites, le Dr Pelletan (1) fait cette remarque :

« Mais ce que l'on comprend moins, c'est que parmi tous ces médecins (auxquels, bien évidem-

_____

1 QUESTIONS DU JOUR : *Autour de M. Pasteur*, pp. 21, 22, 1 vol. in-12. Paris. S. D.

ment la conception d'un parasite spécifique et nécessaire ne convient guère comme dernier mot de l'étiologie des maladies infectieuses, parasite spécifique qui implique la contagion perpétuelle et exclut la spontanéité), parmi tous ces médecins. aucun n'ait insisté sur ce vieil argument que l'on méconnaît : Si le contage est nécessaire, comment donc et de qui le premier varioleux a-t-il pris la variole ? Car. enfin, on aura beau reculer de génération en génération, et jusqu'aux temps Adamiques, l'époque où le premier varioleux a paru sur la terre. il faudra bien arriver enfin à un homme qui aura eu la variole sans l'avoir attrapée d'un autre varioleux, puisqu'il était le premier. Il faut donc qu'il y ait eu un temps où le contage n'a pas été nécessaire pour produire la variole et où. par conséquent. la variole a été spontanée. Et si elle a été spontanée à une certaine époque, elle peut l'être encore aussi bien que la syphilis, la rage et toutes les maladies dites contagieuses ou infectieuses. Tout ce qu'on peut dire, c'est que ces maladies sont aujourd'hui le plus souvent contagieuses, mais qu'elles peuvent être également spontanées. »

Ceci démolit entièrement la doctrine microbienne-parasitaire de M. Pasteur.

CHAPITRE X

LES DOUZE TRAVAUX D'HERCULE... PASTEUR

Par ce qui précède, le lecteur a pu se convaincre du peu de valeur des travaux de M. Pasteur : non seulement des savants véritables les ont trouvés inutiles, mais encore ils ont trouvé dangereux d'appliquer certaines inoculations.

Pour n'omettre aucune des soi-disant découvertes de M. Pasteur et pour les embrasser d'un coup d'œil, nous allons les récapituler ici. Le lecteur voudra bien nous excuser d'insister sur ces travaux, mais nous avons dit, et il ne faut pas craindre de le répéter, qu'ils sont le grand cheval de bataille des vivisecteurs, et nous trouvons, au contraire, qu'ils sont la condamnation pure et simple des expériences de vivisection, comme nous allons le voir et le prouver clairement.

I. — Le premier travail de M. Pasteur, qui prétendait établir un abîme entre les produits organisés naturels et les produits organiques artificiellement obtenus dans les laboratoires de chimie, théorie dite *Disymétrie moléculaire,* a été complètement réduite à néant par les faits (1).

II. — L'idée de chauffage des vins, bières, etc., appartient à Appert, comme l'a dit Maurial dans le *Moniteur vinicole* : « Parti d'Appert pour le chauffage des vins. M. Pasteur est resté à Appert (2). »

D'autres expérimentateurs, MM. Maumené, le comte de Vergette Lamotte et d'autres encore avaient, longtemps avant M. Pasteur, et même avec une plus grande compétence que lui, étudié la question et démontré son utilité pratique pour les gros vins de coupage.

III. — La fameuse théorie des ferments et de la fermentation Pasteur a été combattue victorieusement par des chimistes hors de pairs : nous avons nommé MM. Frémy, Berthelot, Liebig, Claude Bernard, Gérhard et autres : elle a été traitée par ces hommes éminents de *pure imagination* (3). C'est raide pour l'immense savant.

« C'est alors que M. Pasteur, dit le Dr J. Pelletan (4), se lança dans l'étude des fermentations à

<hr>

1 *La Vérité sur M. Pasteur* par P. Boullier, 1 vol. in-8, Paris, 1887.

2 Dans la *Microbicultur ou l'Art de devenir millionnaire en élevant des canards scientifiques,* par le Dr Marron, p. 6, br. in-12 : Fisbacher, rue de Seine.

3) *Comptes rendus de l'Académie des sciences,* 3 février 1879.

4 Dr J. Pelletan, QUESTIONS DU JOUR : *Autour de M. Pasteur,* 1 vol. in-12 : Paris, s. d.

propos desquelles il posa carrément et comme parole d'évangile une série de dogmes qui trouvèrent tant de contradicteurs, notamment le grand Claude Bernard et après lui Berthelot. »

IV. — En ce qui concerne la maladie des vers à soie : flâcherie. pébrine, grainage, etc., MM. Guérin-Meneville, Cornalia. Balbiani, Joly. Onisimo, Vittadini, et vingt autres certainement, tous ceux-ci avaient non seulement découvert les corpuscules et les ferments en chapelet, mais encore inventé le grainage microscopique.

Mais il paraît qu'il n'est pas bon de dire à notre Hercule ses vérités. comme en témoignent les lignes suivantes (1) :

« Au sujet des vers à soie, ce fut Guérin-Meneville, le découvreur des corpuscules dits de *Cornalia*, qui, malgré la réserve qu'il aurait dû garder comme inspecteur général de la sériculture, osa affirmer que l'intervention *inconsciente* de M. Pasteur dans cette partie, qui lui était étrangère, avait été plus nuisible qu'utile, et que. si les réussites des chambrées étaient un peu mauvaises, cela tenait à la diminution naturelle de l'épidémie bombycine et non à l'emploi des soi-disant procédés Pasteur (grainage au microscope). On sait que. pour avoir soutenu une pareille thèse, M. Guérin-Meneville

(1) Dr Marron, ouvr. cité, p. 7.

fut promptement destitué, malgré ses trente années de services. »

V. — Pour tout ce qui concerne le charbon, M. Pasteur s'est emparé des découvertes de Davaine (1), et tout ce qui est connu au sujet du charbon est dû principalement à l'examen et à l'analyse du sang du sujet mort, ce qui était connu bien avant Pasteur.

VI. — Pour la méthode des cultures des virus, le même Pasteur n'a fait que suivre la voie largement tracée par les travaux de l'Allemand Hallier.

VII. — Pour la théorie parasitaire, bien longtemps avant Pasteur, Raspail l'avait découverte et exposée, mais il n'a jamais demandé de pension pour ses beaux travaux ; il avait reconnu, du reste. que les parasites n'étaient que les miasmes pestilentiels des anciens.

VIII. — En ce qui concerne l'atténuation des vaccins anticharbonneux, nous savons que le Dr Toussaint, de Toulouse, avait le premier fait connaître ce résultat en faisant présenter un mémoire à ce

(1 Voici ce que nous lisons, page 340, dans l'ouvrage cité ci-dessus du Dr Pelletan : « Dans l'affaire du charbon, il s'est emparé des découvertes de Davaine, le doux et modeste savant... »
Tous ces faits sont faciles à vérifier : il suffit de remonter à l'époque où M. Pasteur commença ses recherches sur la maladie des vers à soie, recherches qui lui valurent sa première récompense nationale (12,000 fr. de rente, etc.

sujet à l'*Académie des sciences* par le Dr H. Bouley, et cela avant Pasteur (3).

IX. — Quant à l'atténuation des virus par transmissions successives, elle était connue à peu près de tous les physiologistes, mais Magendie l'avait le premier démontré.

X. — La doctrine des inoculations préservatrices ou plutôt préventives, comme le dit Pasteur, appartient au premier qui vaccina. Quant aux résultats, ils sont des plus discutés : beaucoup n'y ont pas confiance, pas même Pasteur, comme nous allons le voir à la fin de ce chapitre.

XI. — La vaccination préventive du choléra des poules, du rouget des porcs a donné également des résultats très fâcheux et dans tous les cas fort discutés.

XII. — Enfin la grande découverte de Pasteur, le traitement de la rage, est considérée aujourd'hui par les hommes les plus compétents comme la mystification la plus considérable du xixe siècle.

Nous ferons observer à nos lecteurs que ce n'est pas nous qui oserions parler ainsi; mais voici ce qu'a écrit dans le journal *la France* le Dr Decaisne : « Si les doctrines que nous combattons et qui resteront la honte de la médecine du xixe siècle venaient à triompher, on se ferait inoculer à tout

---

3) Neuf mois et demi avant l'académicien.

propos et pour toutes les maladies, depuis la fièvre jaune jusqu'au rhume de cerveau, sans se demander quelle macédoine tous ces virus plus ou moins atténués peuvent produire dans l'organisme. ».

Par ce qui précède, on voit que non seulement M. Pasteur n'a rien découvert, mais qu'encore il n'a rien amélioré ni perfectionné en quoi que ce soit les idées ou méthodes qu'il a prises à d'autres savants. Il a propagé des doctrines fausses, surtout en ce qui concerne le traitement de la rage, traitement fondé, d'ailleurs, sur les travaux d'Alibert, de Magendie, de Galtier, de Duboué et de tant d'autres.

Dès le commencement de notre siècle, le Dr Alibert (1) avait parfaitement découvert l'inoculation préventive de la rage ; mais, ayant peu de confiance dans sa méthode, il l'abandonna. Nous pouvons affirmer que M. Pasteur lui-même n'a pas non plus une grande confiance dans sa méthode toute théorique. En parlant ainsi, nous n'avançons pas une simple affirmation, nous allons fournir des preuves ; elles sont absolument nécessaires devant les dan-

(1) J. L. Alibert, né à Villefranche (Aveyron) le 12 mai 1766 et mort à Paris le 6 nov. 1837, après avoir fait de la littérature, étudia la médecine et fut nommé professeur à l'Académie de médecine et médecin de l'hôpital Saint-Louis en 1803. A la Restauration, le roi le nomma son médecin adjoint plutôt parce qu'il s'occupait du traitement des maladies de la peau, qu'à cause de la recommandation du baron Duportal, son premier médecin.

gers de la méthode antirabique. dangers tous les jours plus fréquents.

Disons tout d'abord qu'un homme de science, un véritable savant, ne répond pas : « *Je n'admets pas* qu'on discute désormais ma théorie et ma méthode : *Je ne souffrirai pas* qu'on vienne contrôler mes expériences. »

C'est cependant ce qu'a répondu l'*immense savant* aux docteurs Cattiaux et Navarre, délégués du Conseil municipal de Paris auprès de M. Pasteur pour étudier avec lui sa méthode et ses expériences.

Le Conseil municipal avait bien le droit, ce nous semble, de voir les choses d'un peu près, avant de voter la concession trentenaire d'un terrain, ce qui représentait plus de 35 millions de francs pour la durée de ladite concession (1).

Aujourd'hui, où l'on commence à voir beaucoup plus clair dans la méthode antirabique, beaucoup de gens et des plus compétents prétendent que bien des personnes succombent à la rage, par suite de la vaccination antirabique. Et le Dʳ J. Pelletan. résumant le grand débat, dit (2) : « En somme. il y a depuis un an autant de morts de la rage que dans les années précédentes avant la vaccination à la moëlle de lapin. c'est-à-dire que la nouvelle méthode de la guérison de la rage pas plus que les

(1) Cf. J. Pelletan, *Autour de M. Pasteur*, p. 277.
(2) *Ibid.*, p. 376.

autres *procédés Pasteur*. n'a encore servi à rien...
qu'à enrichir son auteur, ce que précisément,
comme disent les mathématiciens, il fallait démontrer. »

Aujourd'hui, en 1893, les morts rabiques sont
plus nombreuses qu'avant l'application de la
méthode Pasteur, d'où l'on conclut naturellement
que ce plus grand nombre de morts est dû à la vaccination antirabique ; on s'en doutait déjà en 1886.
car voici ce que nous lisons page 106 de l'ouvrage
de P. Boullier (1): « Le total des morts, malgré
la vaccination antirabique, était donc, à la date du
2 novembre 1886, de 53, dont 35 étrangers et
18 Français.

« Aux 18 Français qui ont succombé après les
inoculations, il faut ajouter 17 autres Français
morts de la rage en dehors de la clientèle de
M. Pasteur.

« J'ai déjà dit qu'en France la moyenne annuelle
des personnes qui meurent enragées est de 30.
Cette année, cette moyenne se trouve dépassée,
comme on le voit par les chiffres ci-dessus.

« D'après les renseignements puisés à bonne
source, il est certain que M. Pasteur, qui est loin
d'inspirer de la confiance aux médecins sérieux, a
traité à peine un tiers des personnes françaises

______

(1) *La Vérité sur Pasteur*.

réellement mordues par des chiens enragés. Il résulte de ce fait que, s'il les avait toutes traitées, trois fois plus seraient mortes, soit 18 ✕ 3 = 54. Faut-il d'autres preuves pour convaincre les incrédules ? »

Voilà un chiffre qui nous paraît inattaquable et d'autant plus exact que chaque année les morts rabiques sont plus nombreuses; c'est là un fait indiscutable.

Nous n'ignorons pas que les défenseurs de M. Pasteur répondront que ce sont ses adversaires qui parlent et écrivent comme nous : mais alors nous mettrons sous les yeux de ses défenseurs une preuve irréfutable même pour les fanatiques de l'immense savant : c'est sa propre condamnation prononcée par Pasteur lui-même, et cela en double expédition.

Voici la condamnation de M. Pasteur prononcée par M. Pasteur même.

Parlant du traitement de la rage par le lavage, la succion et la cautérisation au fer chauffé au rouge, M. Paul Boullier (1) dit : « Nous sommes tellement sûr de l'efficacité de ce traitement préventif que nous proposons à M. Pasteur l'expérience suivante : chacun de nous se fera mordre par un chien enragé et se traitera suivant sa méthode, c'est-à-dire que

____

(1) Ouvrage cité, p. 62.

nous n'userons que du lavage et de la cautérisation, tandis que lui, placé sous notre surveillance, ne se lavera ni ne se cautérisera et n'emploiera que ses inoculations dites *préventives*. Nous pouvons assurer dès maintenant, qu'il courra le risque de devenir enragé et que nous ne le deviendrons pas. »

Devant ce défi public jeté au savant, qu'a fait M. Pasteur? Il n'a pas répondu! L'a-t-il ignoré ? Ce n'est pas probable ; en tous cas il n'a pu ignorer la lettre suivante qui lui a été adressée en personne et qui a été publiée dans un grand nombre de journaux.

Dans cette lettre datée du 7 novembre 1885, Mme Marie Huot disait au savant que son fils avait été mordu par un chien reconnu comme parfaitement enragé par M. P. Simon, vétérinaire à Paris. La plaie avait été simplement lavée, sucée et cautérisée au fer rouge : depuis pas d'accident. Elle-même avait été mordue cinq ou six fois par des chiens réputés enragés, et elle n'avait eu recours qu'au lavage de la plaie, à la succion, et Mme Huot ajoute à propos des travaux de M. Pasteur :

« Ce sont là des expériences qu'on a le droit d'accueillir avec toutes sortes de réserves, et le bon sens exige des faits moins discutables, avant de conclure en votre faveur.

« Quand vous aurez soigné et guéri dans nos

hôpitaux, et non dans votre laboratoire, des individus atteints de la rage confirmée :

« Quand vous vous serez fait mordre par un chien reconnu enragé, en présence d'une commission savante nommée à cet effet par voie de tirage au sort, quitte à vous appliquer vous-même votre traitement curatif :

« On croira peut-être à l'infaillibilité de votre méthode.

« Mise en éveil par les récits hyperboliques de vos dernières expériences et en défiance par les restrictions avec lesquelles les savants considérables les ont accueillies, l'opinion publique attend de vous un acte décisif.

« Votre collègue Bochefontaine vous a donné l'exemple. Il vous reste à l'imiter.

« En attendant que vous preniez ce parti héroïque, mon fils et moi, nous sommes prêts à nous faire mordre en votre présence par n'importe quel animal enragé de votre laboratoire, ne mettant d'autre condition à cette expérience que la faculté qui nous sera laissée de soigner nous-mêmes nos blessures sans avoir recours à votre ministère.

« Il est temps que le public apprenne *gratis* à se préserver d'accident qu'il est aussi simple que facile de conjurer soi-même.

« Je ne pense pas que vous puissiez arguer de vos scrupules contre l'offre très sérieuse que je viens

de vous faire ; car, si j'en juge d'après vos théories,
je dois être, pour ma part, *vaccinée* et *revaccinée*,
partant aussi réfractaire à la rage qu'il vous est
possible de le souhaiter. »

Comme on voit, Mme Huot n'y va pas par quatre
chemins : elle n'hésite pas, comme Bochefontaine
qu'elle cite (pour persuader M. Pasteur), à se soumettre à l'opération ; mais persuader le savant d'ac-
cepter la chose, c'était mal le connaître. Tout
comme le marchand de coco, nous l'avons déjà dit,
M. Pasteur vend de son virus, mais il n'en con-
somme pas.... parce que M. Granger, son aide....,
ne le lui permet pas !

Après les démonstrations qui précèdent, il est
bien évident que M. Pasteur n'a aucune confiance
en sa méthode ; aussi nous ne craignons pas de dire
que, la sachant mauvaise, on ne devrait pas lui
laisser poursuivre sa coupable industrie.

Aujourd'hui, toutes les personnes instruites savent fort bien que, pour guérir la rage, il suffit de
supprimer la cause, soit en détruisant le virus rabique par succion, la cautérisation et le pansement,
soit, lorsque la maladie s'est déclarée spontanément,
en provoquant la sudation par des moyens quelconques qui amènent la détente du système nerveux et rétablissent ainsi le courant circulatoire.

Et si nous ajoutions que, par un simple fait
d'auto-suggestion ou par l'hypnotisme, *on peut*

guérir radicalement la rage, bien des lecteurs seraient fort surpris et cependant rien n'est plus exact : malheureusement, la suggestion n'est pas entrée encore dans la pratique de la médecine courante, parce que les médecins ne considèrent l'hypnotisme que comme un jeu ou un tremplin.

Quoi qu'il en soit, pour confirmer ce que nous venons d'avancer, nous allons consigner ici le fait rapporté par M. Watrin, vétérinaire à Paris (1) :

« Un jeune homme, ayant été mordu par un chien qu'il se figurait enragé, eut tous les symptômes de la rage, le cinquième jour après sa morsure. Il allait succomber, lorsqu'on amena dans sa chambre le chien qui l'avait mordu : la vue de cet animal *parfaitement bien portant* le tranquillisa et, quatre jours après, il était en état de se livrer à ses exercices habituels. »

Voilà, pour nous, un cas très remarquable d'auto-suggestion.

Ce qui précède semble de prime abord nous éloigner de la vivisection, et, bien au contraire, cela nous y ramène en plein. En effet, si les médecins, au lieu de considérer l'hypnotisme comme un jeu (nous venons de le dire, ou un tremplin), l'étudiaient au point de vue scientifique, mais très sérieusement, ils n'auraient nullement besoin de

(1) Paul Boullier, *op. cit.*, p. 62.

pratiquer la vivisection : en effet. par l'hypnotisme,
ils sauraient tout ce qu'ils voudraient savoir en
pathologie, en thérapeutique, en toxicologie et en
pharmacologie.

Après cette digression qui a bien son importance.
si nous revenons au virus rabique et aux inoculations. nous ne saurions donner ici une meilleure
conclusion pour démontrer la monstruosité de la
méthode Pasteur qui est le grand cheval de bataille
des vivisecteurs, nous ne saurions mieux conclure.
disons-nous, qu'en mentionnant cette belle page du
Dr J. Pelletan (1) :

« Vacciner contre la rage ! c'est tout à fait illo-
gique, pour ne pas dire plus ; la théorie de la vaccination Jennerienne contre la variole (dont nous
n'avons pas ici à discuter la valeur) est fondée tout
simplement sur un fait d'observation : la variole ne
récidive pas (ou rarement). — En produisant par
inoculation une variole bénigne. la vaccine, on
pense préserver le sujet d'une variole grave qui
serait une récidive.

« Tel est le principe de l'inoculation préventive
ou vaccination contre la variole. L'opération peut
être dangereuse à d'autres points de vue, mais enfin
elle est logique.

« Mais la vaccination contre la rage n'est fondée

_____

(1) Ouvrage cité (*Questions du jour*), p. 237.

sur rien, sur aucune observation, sur aucun principe. Si la rage était une maladie sans récidive, on pourrait espérer de produire avec le virus rabique d'un certain animal, le lapin par exemple, une rage atténuée qui préserverait d'une rage canine grave ; cela ne serait pas absurde. Malheureusement, on ne sait pas si la rage est une maladie à récidive, puisque, jusqu'à présent, personne n'est revenu de la première attaque.

« Alors que signifie cette « vaccination » avec le virus rabique du lapin ? Quelle espèce de raisonnement biscornu faites-vous pour expliquer cette pratique inexplicable ?

« Comment comprenez-vous cette vaccination que vous pratiquez sur des sujets déjà enragés pour vous, puisqu'ils ont été mordus par des chiens des rues ?

« Vous supposez que le microbe de la rage du lapin va dévorer chez votre sujet tous les éléments capables de nourrir les microbes rabiques, de sorte que, quand le microbe de la rage du chien, lequel est déjà inoculé par la morsure, va chercher à se développer, il ne trouvera plus d'aliments et crèvera de faim.

« C'est là votre explication : elle est enfantine... On dit encore : si vous inoculez les moelles de lapin enragé, c'est que vous croyez ces moelles rabiques. Comment donc aurez-vous le courage de faire ces inoculations qui peuvent être meurtrières ? Avec quel instrument aurez-vous mesuré le degré de virulence de ces moelles ? Ne peut-il se faire qu'un jour vous communiquiez la rage à un malheureux qui se sera confié à vos soins, par crainte de la morsure d'un chien qui n'était peut-être pas enragé ?

« Et, s'il meurt, cet homme, comme vient de mourir la petite Pelletier, et si vous le tuez, qu'est-ce que vous direz ?

« Vous direz que c'est le chien, n'est-ce pas ?

« Si vos moelles sont enragées, ne craignez-vous pas de répandre autour de vous une épouvantable maladie, la rage. comme on a reproché au Dr Ferran de colporter le choléra avec ses inoculations ?

« Si vous ne le craignez pas, vous êtes des coupables ; ou bien vos moelles ne portent aucun virus, et vous choisissez pour cela des gens mordus par des chiens innocents ?

« Et alors qu'est-ce que vous êtes ?

« On dit tout cela, et bien d'autres choses encore. »

Après de pareilles observations, on se demande ce que vaut la fameuse méthode Pastorienne, et si un jour, par mesure de salubrité publique, il ne faudra pas l'interdire. Cela arrivera un jour. très certainement, à moins qu'elle ne tombe dans l'oubli complet.

Décidément. les vivisecteurs ont tort. grand tort. de mettre en avant les travaux de M. Pasteur pour démontrer l'utilité de la vivisection.

CHAPITRE XI

LA VIVISECTION N'EST GUÈRE QU'UN TREMPLIN

De ce que nous avons déjà vu dans cette étude, on pourrait tirer cette conclusion : c'est que la vivisection a été un des plus magnifiques tremplins du siècle, sur lequel estradiers et paradeurs se sont escrimés et ont cherché par ce moyen à devenir célèbres et à se faire des rentes, à accaparer des palmes, des rubans, des sinécures, des postes en vue, etc., etc.

Tel a été jusqu'ici le plus clair résultat de la vivisection, et l'exemple du savant plus enflé de morgue que de science a été des plus funestes.

La gloire et la fortune est aux faux savants, comme le dit fort bien le comté de Saint-Vallier, notre ancien ambassadeur en Allemagne (1) : « .... Par le triste temps où nous vivons, avec les

---

(1) Extrait d'une lettre de M. le comte de Saint Vallier, sénateur de l'Aisne, à M. C. L... agriculteur. — Paris, 1er juillet 1883.

faux savants à bruyante trompette de l'espèce de
Paul Bert, ce ne sont ni les sages, ni les modérés,
ni les hommes pratiques qu'on écoute. La faveur
est à ceux qui cherchent les sensations et font la
plus brillante parade. Tous histrions de foire s'embrassant pour se décerner mutuellement, dans les
journaux amis et complices, l'encens et la célébrité. »

Attrape, Paul Bert, Pasteur, et autres académi-
ciens !

La vivisection a été l'une des plus bruyantes
trompettes de notre temps, et la foule s'est laissé
prendre à ses fanfares. Depuis vingt ans, on a élevé
chez nous un grand nombre d'écoles, mais combien
faudra-t-il encore de générations pour élever le
niveau intellectuel et pour empêcher les masses de
se prendre à la glu de la science officielle et à celle
des sauteurs officiels de tremplin ?

Avant la folie de la vivisection, les coupe-toujours,
comme on nommait autrefois les chirurgiens,
s'exerçaient sur les hommes ; nous n'avons guère
gagné à l'arrivée de la vivisection, car les hommes
et les animaux servent à la fois à la Compagnie des
coupe-toujours. Ce n'est pas d'aujourd'hui qu'on
se plaint des abus, commis au nom de cette science.
Dès l'année 1865, le Dr Guardia s'en plaignait en
ces termes : « Cette rage d'opérer et la manie de
quelques chirurgiens portent ceux qui en sont pos-

sédés à des tentatives téméraires, aventureuses, homicides. Ce terme n'est pas assez énergique pour caractériser l'habileté des anatomistes qui s'exercent sur l'homme vivant et qui forment ce qu'on pourrait appeler la confrérie carnifère.

« Cette confrérie ne compte que trop d'associés, et il serait temps vraiment de mettre un terme à ce mode d'opérer sans frein ni mesure et de s'exercer en plein amphitéâtre aux grandes mutilations par vanité et envie de paraître.

« Le vrai chirurgien se propose de guérir et non de briller et l'on ne doit y songer jamais, quand la vie humaine est en jeu, quelles que soient d'ailleurs les tentations et les facilités que l'on a d'exercer sa dextérité et d'en faire parade.

« Les chirurgiens des hôpitaux doivent être d'autant plus réservés, qu'ils sont plus libres dans leurs déterminations, circonstance qui aggrave leur responsabilité et doit, par conséquent, les engager à la prudence. »

Et, trois pages plus loin, le même Guardia ajoute : « On ne fait que trop de chirurgie expérimentale dans les hôpitaux ; on ne sait pas jusqu'à quel point l'habitude des vivisections peut influer malheureusement sur la médecine opératoire. »

Le chirurgien a toujours été un homme de sang, il a toujours aimé y tremper les mains : il y a vingt-cinq ans, trente ans, à tout propos il ordonnait une saignée. Si à la suite d'une opération quelconque un médecin ne sortait pas inondé de sang, il ne paraissait avoir aucune valeur (toujours le tremplin). La médecine emplissait des palettes et la chirurgie des cuvettes de sang.

Dans les hôpitaux, dans les amphithéâtres, les chefs de service et les étudiants un peu propres ne pouvaient sortir de ces milieux que le tablier largement ensanglanté, aussi ensanglanté que ceux des bouchers des abattoirs de la Villette. A la louange de nos chirurgiens fin de siècle, nous devons dire que ce n'est guère que dans les hôpitaux que ce vieil usage subsiste encore. Chez le client payant, au contraire, les opérations chirurgicales s'accomplissent avec une décence, un décorum, nous pourrions même dire, avec une coquetterie sans pareils. Il faut opérer *presto*, et sans trop répandre de sang ; il faut bien ménager la pitié des parents, ne pas brusquer leur commisération. Le chirurgien fin de siècle doit employer une grande habileté de main, dans la ligature des artères, et ménager avec grand soin les vaisseaux sanguins.

Pour une jambe coupée, une épaule ou un genou désarticulés, il faut verser un demi-bol de sang et le chirurgien doit avoir le tablier et les mains à peine tachés. Il faut, du reste, avoir les mains nettes pour recevoir les banknotes. Mais si l'on répand moins de sang, la période d'exploitation est singulièrement aggravée. Combien d'excellents praticiens, célèbres aujourd'hui par leur cupidité, on pourrait citer, mais c'est inutile. Tout le monde les connaît : on sait qu'arrivés auprès du lit du malade à opérer, et avant de dérouler leur trousse et d'ouvrir par conséquent leurs bistouris, ils déclarent vouloir être payés d'avance, afin que le résultat de l'entreprise ne puisse amener ultérieurement de discussions financières.

Souvent, en effet, ils savent d'avance que l'issue de l'opération sera funeste, mais qu'importe ? Ils opèrent. Ils ne sont pas en face d'un malade pour faire du sentiment, mais pour gagner de l'argent. S'ils laissaient succomber le malade naturellement, il souffrirait moins, c'est très certain ; mais où serait leur bénéfice ? Et il faut bien payer chevaux, voitures, toilettes de madame ou de mesdemoiselles, domesticité, hôtel, livrée, etc., enfin tout le train fort lourd d'un spécialiste qui se respecte. Alors au petit bonheur, va comme je te pousse : il faut palper de forts HONORAIRES, et l'on opère, même quand l'opération est contre-indiquée, même quand il ne doit résulter aucun soulagement pour le patient : bien plus, quand l'opération met en jeu l'existence de l'opéré. — Voilà un des nombreux bienfaits de la vivisection : l'endurcissement à outrance, l'endurcissement féroce et inouï du cœur de l'homme.

Mais poursuivons le portrait du vivisecteur moderne.

Un chirurgien, on le sait, nous l'avons dit, ne doit pas faire du sentiment, mais de l'argent, opérer vite et bien et proprement tailler, couper, rogner, martyriser, tuer et puis passer à la caisse et... à d'autres affaires.

Des noms, nous n'en donnerons pas : c'est fort inutile, le lecteur les connaît, trop parfois. Point n'est besoin aussi de donner leurs tarifs exorbitants : la plupart de ces praticiens *distingués* sont aussi célèbres pour leur habileté que par leur rapacité, pour leur sûreté de coup d'œil que par leur flair... à l'exploitation.

Parfois, un pauvre incurable s'adresse à un honnête chirurgien, à un savant modeste qui abhorrre les vivisections humaines ; il n'a jamais voulu faire le saut du tremplin, celui-là, et cet honnète homme refuse énergiquement de tenter une opération qu'il sait inutile : c'est aux faiseurs qu'il adresse le client qui veut quand même se faire opérer ; ils disent alors à ces entêtés de la vie : Si vous n'avez pas confiance en mon diagnostic, si vous croyez que je me trompe, hé bien ! allez chez un tel, vous pouvez être sûr qu'il acceptera ; ses bons offices ne serviront à rien, mais ils vous coûteront vingt mille francs...

Comme circonstances atténuantes, nous devons

ajouter que le grand vivisecteur, le grand spécialiste, n'est en somme qu'un industriel ; il n'a pas à faire du sentiment. mais des affaires. Il a vivisectionné trente ans de sa vie le malheureux, et cela pour se faire un nom : à force de sauter sur le tremplin, il est parvenu..., il a un *nom*, le grand physiologiste : ce n'est pas un prêtre exerçant un sacerdoce qui lui commande l'altruisme et un dévouement à toute épreuve !

Mais hâtons-nous d'ajouter, nous en avons grand besoin, qu'heureusement la majorité des chirurgiens n'est point telle que nous venons de le dire. Mais il est à craindre que la vivisection qui a créé ces grands hommes si fort en vue ne crée beaucoup d'hommes d'argent. car, ne l'oublions point, la science ne sert qu'à faire autour de ceux-ci des réclames retentissantes pour arriver à la célébrité, à la gloire, mais en passant aussi et surtout par la Fortune !

Fortune ! Gloire ! même celle-ci ne devrait pas primer tout. comme le fait remarquer un brave docteur suisse, M. F.-A. Hertsen (1) : « Les vivisecteurs, dit-il. qui veulent en divulgant leurs nombreuses expériences se faire un nom, devraient réfléchir qu'il ne s'agit pas seulement de demander

---

(1) Dans l'*Ibis*, journal de la Société protectrice des animaux de Berlin ; l'article a pour titre : *la Science et les tortures infligées aux animaux*.

la gloire à la postérité, mais aussi d'être aimé d'elle. Or, pour peu que l'on connaisse la marche de l'histoire et ses jugements sévères, on ne saurait en douter : la postérité éprouvera pour les vivisecteurs de notre siècle la même horreur que nous éprouvons pour les hommes de l'Inquisition et les gens qui brûlaient les sorcières aux temps passés. Et celui qui torture les animaux n'est-il pas déjà, dès aujourd'hui, exposé à voir la partie la plus noble et la plus influente de la société lui tourner le dos ? Qui pourrait aimer un médecin sans cœur et sans compassion ? Il est certain que ce n'est pas à la vivisection que nous devons la découverte des principaux remèdes comme la quinine. l'opium, le chloral, etc., et qu'elle n'a amené aucun résultat, d'une importance réelle. Si les partisans de la vivisection affirment le contraire. il faut leur répondre qu'il est très facile d'affirmer. Ce n'est pas par les affirmations que nous serons convaincus : nous réclamons des preuves, des faits. Si les résultats de la vivisection sont réellement aussi importants que nos adversaires veulent le faire croire, hé bien ! nous les prions de les énumérer. Mais ils ne sauraient le faire ; ce sont des résultats trop pauvres (1).

(1) D'après les calculs des journaux anglais. le professeur Schiff a sacrifié pendant les vingt dernières années 14,000 chiens en moyenne 700 par an). Si ces calculs sont exacts, cette question se pose : Quelles découvertes a-t-il donc faites à la suite de toutes ces vivisections ?

Malgré le nombre effrayant d'animaux qui ont été sacrifiés, et de la manière la plus atroce, à des expériences soi-disant scientifiques, nous ne connaissons guère mieux qu'il y a deux ou trois siècles les secrets du système nerveux, à plus forte raison le secret de la vie : et si la science et son développement dépendaient des vivisections, il faudrait un nombre de victimes devant lequel reculeraient, en frémissant, même un vivisecteur comme M. Mantegazza. Mais, je le répète, la science n'est pas tout ; elle n'est même pas ce qu'il y a de plus grand dans le monde ; sans cela, on pourrait justifier jusqu'à la vivisection des hommes. Ce n'est pas seulement l'importance de la connaissance, mais la connaissance elle-même qui a ses limites. Les plus hautes questions de la science restent, malgré nous, des énigmes insolubles. L'essentiel est *d'être moralement bon*. De plus, savoir beaucoup est une excellente chose ; mais sacrifier tout à ce but, c'est aller trop loin. »

Quel est l'homme de sens qui ne partagera pas les nobles idées professées par l'honorable M. Hertsen ? Combien ce langage vous repose de ce style emphatique et ampoulé de certains savants, principalement de ces sauteurs de tremplin qu'on ne saurait trop flétrir, car ce sont des hommes extrêmement dangereux au milieu d'une civilisation raffinée et peu morale !

Aujourd'hui, pour se mettre en vue, les médecins, n'ayant pas comme les chirurgiens des opérations à pratiquer, se sont livrés à de cruelles
expériences sur les animaux. Et pourquoi ? Le
Dr Hertsen nous le dit : « Parce que tous les physiologistes rêvent la gloire, » mais aussi et surtout
parce que la célébrité, sinon la gloire, conduit à la
fortune. Ce dernier motif ne s'avoue pas, mais il
est très réel et le bon docteur ne pouvait le jeter à
la face de ses confrères ; nous n'avons pas les
mêmes ménagements à garder, nous, envers ces
bons docteurs.

Aussi toute découverte vraie ou supposée d'un
physiologiste a pour conséquence de créer immédiatement de nombreux élèves physiologistes, et
voici pourquoi : quand un médecin ou un chirurgien quelconque croit avoir fait une découverte
intéressante, il ne la garde pas pour lui ; son premier mouvement est de la publier à son de trompe
dans une Revue ou un Journal. L'Europe physiologiste s'empare du fait, renouvelle l'expérience de
tous côtés et un grand nombre de fois, afin de contrôler la découverte et de la démolir si c'est possible, mais en tous cas remettre toujours en question les résultats. Immédiatement la discussion est
ouverte, les uns sont pour, les autres contre, il se
forme deux camps au moins, et les bons docteurs
en s'escrimant font toujours parler d'eux.

On voit donc que la vivisection est surtout un tremplin. une estrade, si l'on préfère, sur laquelle paradent et opèrent les charlatans du scalpel. De là. le gâchis général qui caractérise cette méthode d'investigation, à laquelle on ne saurait donner le nom de science. Jusqu'ici, aucun fait donné comme certain par un inventeur n'a été admis par un de ses confrères ; il a toujours été démoli tôt ou tard, plutôt tôt cependant : et l'histoire de la vivisection nous apprend que les derniers vivisecteurs rejettent toujours les travaux de leurs prédécesseurs, en attendant que les leurs soient également reconnus faux par leurs successeurs immédiats.

La vivisection n'est donc pas une science si positive que d'aucuns le prétendent : elle a beau être appuyée sur des expériences matérielles, une partie échappe à l'analyse. car tout influence ses travaux : le temps, le milieu. l'état de l'animal, son âge. son plus ou moins de vigueur, etc.

Nous étudierons maintenant ce que les physiologistes nomment *les droits de la Science !*

CHAPITRE XII

LES DROITS DE LA SCIENCE

Ad majorem scientiæ gloriam !

Dans notre beau pays de France, en véritables Athéniens que nous sommes, nous nous laissons facilement griser par les mots : Patrie, Gloire, Victoire, Palmes, Laurier, etc., etc.

L'un des mots les plus grisants chez nous depuis un siècle, c'est le terme de Science ! Quand on l'a prononcé dans une réunion, dans une assemblée quelconque, et qu'un Monsieur, quelconque aussi, vient *au nom de la* Science réclamer quoi que ce soit, il est parfaitement assuré d'obtenir gain de cause, quelle que soit du reste sa demande.

Aussi les vivisecteurs n'ont pas manqué d'invoquer les progrès de la science pour accomplir leur cruelle besogne et pour justifier leurs expériences. Ils ont crié bien haut et bien fort que la science a des droits.

Hé ! mon Dieu, nous ne l'ignorons pas ! Qui n'a pas de droits ? L'homme a des droits, la femme a des droits. les animaux aussi ont des droits !

Et la société et l'humanité n'ont-elles pas des droits également ?

Il s'agit donc de s'entendre et de savoir jusqu'où vont ces fameux droits de la science : c'est ce que nous allons étudier.

A en croire certains docteurs ès vivisections, tout leur serait permis. même de charcuter les hommes dans les hôpitaux, de pratiquer d'infâmes expériences d'hypnotisme à la Salpêtrière, de *charcoter*, comme on dit vulgairement.

D'autres ne vont pas tout à fait aussi loin. M. Caradec par exemple (1) nous dit que les hommes ont le droit de tout faire ou à peu près tout; dès l'instant que c'est au nom de la science. le physiologiste n'a pas à écouter les observations des profanes. Fi donc ! Il doit faire de la science pour la science. et cela sans être contrôlé par qui que ce soit. Et page 19 notre auteur ajoute : « Laissons donc cette théorie malsaine de l'utilité des applications de la science : cultivons la science pure pour elle-même. pour la joie, pour la discipline, pour l'élargissement qu'elle donne à l'intelligence, absolument comme nous devrions faire le bien pour le bien sans préoccupation d'une récompense à venir· Et puis. reconnaissons hautement que la science a

1) *De la Ligue contre les vivisections*, par le D' Th. Caradec. Pau. 1878.

le droit, dans quelque ordre de connaissance que ce soit, de chercher elle-même sa voie, de déterminer ses modes d'investigations. »

Et l'auteur poursuit un peu plus loin :

« Ce qui décourage l'homme de science, c'est de voir que des gens du monde, des hommes véritablement incompétents, viennent se mettre à la traverse de ses travaux, les critiquer, les juger. »

Nous nous permettrons de faire remarquer au lecteur que les prétentions émises par le D' Caradec ne lui sont pas personnelles, mais qu'elles sont généralement admises et acceptées par un grand nombre de docteurs ; c'est même pour cela que nous les avons consignées ici, car, en leur répondant, nous répondrons à la masse des vivisecteurs et nous leur dirons que nous sommes d'accord avec eux, tant qu'il s'agira de chimie, de physique, de botanique et de certaines parties de l'histoire naturelle : certes, dans ces diverses branches, les hommes de science ont tous les droits de faire ce qu'ils croient utile en faveur de leurs études. Mais s'ils prétendent agir de même en ce qui concerne la vivisection, nous leur dirons : Halte-là ! Messieurs. Ici, vous n'avez aucun droit de torturer et de martyriser des animaux, puisque les physiologistes ne sont pas seuls coupables des méfaits qu'ils commettent, car la société qui leur décerne un diplôme, des récompenses, des honneurs, de la fortune, est en partie responsable du mal qu'ils font, et c'est pour cela que la société a non seulement le droit, mais le devoir d'intervenir, d'empêcher le mal par tous les moyens en son pouvoir. Elle a donc le droit de demander l'abolition totale de la vivisection que le physiologiste n'a l'air de pratiquer que pour le plus grand bonheur de cette société.

Des vivisecteurs plus habiles à défendre leurs prétendus droits ne réclament pas autant que ceux dont nous venons de parler ; ils se contentent de formuler des axiomes tellement évidents, qu'ils ont l'air naïfs de prime d'abord, mais ne le sont pas du tout dans le fond. Ces physiologistes, en grands malins qu'ils sont, tournent la question et simulent des accusations que personne ne porte envers leur méthode d'investigation. Ainsi Claude Bernard a osé dire et écrire que, dans la science, c'est l'idée qui donne aux faits leur signification. Voici les propres expressions du célèbre physiologiste : « Le lâche assassin, le héros, le guerrier plongent également le poignard dans le sein de leur semblable. Qu'est-ce qui les distingue, si ce n'est l'idée qui dirige le bras ? Le chirurgien, le biologiste, Néron se livrent également à des mutilations sur des êtres vivants. Qu'est ce qui les distingue, si ce n'est l'idée ? »

Ceci s'appelle jouer sur les mots, et rien de plus. Évidemment, les grands massacreurs d'hommes, qu'on nomme *Héros*, quand ils sont vainqueurs, sont aussi coupables et même plus que les physiologistes ; mais c'est là une triste excuse. Les grands assassins d'hommes n'ont jamais innocenté les vulgaires assassins. Il n'y a pas une grande et une petite morale ; il n'y a que la *morale* et celle-ci réprouve tout ce qui est criminel et inhumain.

Claude Bernard le sent lui-même fort bien, puisqu'il ajoute : « Il ne faut pas s'y tromper, la morale ne défend pas de faire des expériences sur son prochain, ni sur soi-même... Dans la pratique de la vie, les hommes ne font qu'exécuter des expériences les uns sur les autres. La morale ne défend qu'une chose : c'est de faire du mal à son prochain. ... Donc, parmi les expériences qu'on peut tenter sur l'homme, celles qui ne peuvent que nuire sont défendues, celles qui sont innocentes sont permises et celles qui peuvent faire du bien sont commandées. »

Ce sont là des vérités de la Palisse, comme on dit vulgairement, mais qui ne prouvent rien ; ce sont des mots, des mots, rien que des mots, ajoutons empreints d'hypocrisie. Evidemment, les expériences qui ne font de mal à personne sont permises, la science a le droit de les pratiquer. Aussi ne peut-il être question de celles-là : mais, nous le verrons bientôt, la morale défend et réprouve de faire sur son prochain, sur soi-même et sur de pauvres animaux des expériences inhumaines, cruelles et inu-

tiles : et, de celles-ci, Claude Bernard n'en souffle
mot.

Non, disons-nous, non, la science n'a pas le droit
de les pratiquer, ces expériences, sur aucun être
vivant : c'est un acte odieux, un crime de lèse-
humanité : et ce n'est pas nous seulement qui le
disons. L'idée, en effet, que nous venons d'émettre
ne nous appartient pas en propre, elle est pour ainsi
dire admise par les grands coryphées de la physiologie : aussi les vivisecteurs ne sauraient ne pas
goûter et apprécier à sa juste valeur ce qui suit,
signé de l'un de leurs maîtres. Voici ce qu'il écrivait dans le *Voltaire*, numéro du 10 juillet 1883,
c'est-à-dire au lendemain de la fondation de la
Ligue populaire contre la vivisection et à propos de
celle-ci : « La Ligue populaire contre la vivisection vient de publier son programme. J'applaudis
pour ma part aux sentiments qui ont inspiré les
fondateurs de cette ligue, et *je ne trouve rien à
dire aux termes dans lesquels ils les ont exprimés.*

« Il faut bien se persuader que ce qu'il y a
d'odieux dans la vivisection, c'est la *vivisection
même : je dis son usage et non pas ses abus.*

« Oui, il est *odieux* d'attacher sur une table un
malheureux chien, de fouiller ses entrailles, de
mettre à nu sa moëlle épinière, de forcer son cœur
palpitant à inscrire lui-même sur un cylindre tour-
nant ses battements troublés par la douleur. »

Les mots soulignés l'ont été par nous : mais, enfin, nous pouvons bien dire que jamais aucun antivivisecteur n'a prononcé un réquisitoire plus foudroyant contre la vivisection.

Et l'auteur de l'article est Paul Bert lui-même. Le grand vivisecteur reconnaît donc que la vivisection est une chose odieuse : or la science n'a pas le droit d'être odieuse. Et nous pouvons bien dire que, dans toutes les expériences que nous avons mentionnées jusqu'ici, la science a outrepassé ses droits.

Aucun homme de bon sens ne pourra s'inscrire en faux contre notre affirmation.

Du reste, étant cruelle, la science ne va-t-elle pas contre son but ? Ne marche-t-elle pas dans la voie opposée à celle qu'elle devrait suivre, et ne se condamne-t-elle pas elle-même par sa barbarie et son inhumanité ?

La science ne doit pas être inhumaine : sans cela elle n'est plus la science. C'est purement et simplement la mise en pratique de *la force prime le droit* ; c'est la domination des races supérieures sur les races inférieures, l'exploitation de l'ignorance par la science, et cela à tous les degrés.

Si l'étude et la science doivent mettre aux mains des plus favorisés un instrument perfectionné d'oppression et de servitude, si, au lieu de pousser à l'indulgence, à la pitié, à la commisération, elle

aggravait les misères de la vie, nous dirions :
« Périsse l'étude ! Périsse la science ! »

Dans une société on ne peut admettre que le progrès consiste à fournir des ressources plus grandes pour la souffrance : on ne peut admettre non plus qu'on doive rejeter tout respect pour les droits de l'être vivant.

Nous savons bien que MM. les docteurs s'écrieront que la science et l'humanité s'excluent. que ce sont là deux termes inconciliables ; mais nous ne croirons pas les médecins de cette école, et, devant la lamentable série de souffrances et de tortures sans nom infligées à l'animal dans les expériences de vivisection, nous en appellerons aux véritables maîtres ignorant le charlatanisme, à eux si généreux et si sensibles dont les yeux se couvrent de larmes au triste spectacle des infirmités humaines ; à ces hommes illustres entre tous qui ont fait non de la cruauté, mais de la santé, les premiers droits de la science.

Oui, elle doit être douce, bonne, humaine, charitable, la science ; elle doit être sensible et bienveillante pour tous. Elle doit travailler pour le beau. le vrai, l'utile, pour le soulagement des misères terrestres.

Tel est le vrai rôle de la science, tels sont ses véritables droits !

Et ce n'est que par une singulière perturbation

d'esprit que les docteurs ont transformé ce beau rôle et en ont fait une monstruosité. Ils l'ont faite cruelle, barbare, immorale, en un mot tout le contraire de ce qu'elle doit être.

Nous connaissons maintenant *les droits de la* Science.

CHAPITRE XIII

LA VIVISECTION AU TRIPLE POINT DE VUE DE LA SCIENCE, DE LA PHILOSOPHIE ET DE LA MORALE

Le lecteur qui a bien voulu nous suivre jusqu'ici avec quelque intérêt sait presque à quoi s'en tenir sur la vivisection, considérée au triple point de vue de la science, de la philosophie et de la morale.

Cependant, nous avons cru devoir insister ici sur ce sujet, parce que la science, la philosophie et la morale sont toutes trois grandement intéressées dans la question qui nous occupe.

En considérant la vivisection, même au point de vue scientifique, nous ne pouvons pas ne pas remarquer que, dans toutes les manifestations expérimentales de la science moderne, un fait domine tous les autres, c'est son caractère d'inhumanité !

Qu'elle soit pratique ou purement spéculative, la science procède avec un absolu mépris de l'individu. Or, cette insensibilité, cette inhumanité, sont tout à fait contradictoires avec les bienfaisants offices qu'on est en droit de réclamer à la science et des services qu'on peut lui demander : nous l'avons dit sous une autre forme dans le chapitre qui précède, et nous n'avons pas à y insister ici.

Nous avons vu aussi précédemment que la vivisection n'a été d'aucune utilité pour la Science et que ces cruelles expériences n'ont pas fait avancer d'un pas ni la pathologie ni la thérapeutique ; toutes les découvertes médicales sont, de l'aveu d'un grand nombre de physiologistes, dues surtout à l'étude et à l'observation pathologiques. Donc, au point de vue scientifique, la vivisection a été totalement inutile, sans objet : mais, si elle n'a pas fait de bien, elle a produit beaucoup de mal. Parmi les plus fâcheux résultats que la vivisection exerce sur l'esprit humain, nous devons placer celui-ci, qui est capital : c'est qu'en poursuivant l'explication physiologique des maladies, l'expérimentateur perd totalement de vue le malade : il abandonne la clinique et remplace l'hôpital par le laboratoire : ensuite les physiologistes qui exercent encore la médecine et surtout la chirurgie, deviennent des êtres sans cœur et sans pitié. C'est ce qui fait qu'aujourd'hui nous trouvons qu'il y a un véritable raffinement de cruauté

dans l'art de guérir et comme une sorte de coquetterie machiavélique dans les recherches expérimentales soi-disant scientifiques.

Pour témoigner de ce qui précède et bien prouver que les vivisections endurcissent le cœur de
l'homme, nous mentionnerons le fait suivant rapporté par Murdoch, le vivisecteur anglais, fait
qu'il a vu, de ses yeux vu, à l'Ecole vétérinaire
d'Alfort.

Une petite jument alezane, qui s'était épuisée au
service de ses maîtres, avait été torturée toute une
journée par des expériences de vivisection et ne
présentait plus aucune partie de son corps intacte,
et malgré cela elle avait survécu, bien qu'elle eût
les reins fendus, les tendons coupés, les sabots en-
levés, les yeux crevés, la peau arrachée et toute
sillonnée par les traces du fer rouge ou transpercée
par des douzaines de sétons, et la pauvre bête,
aveugle et sans défense, fut placée, au milieu des
rires des carabins, sur quatre pieds saignants pour
montrer aux élèves qui opéraient sur sept autres
chevaux, tout ce que peut exécuter l'habileté de
l'homme sur un animal, avant que la mort s'ensuive.

N'est-ce pas hideux, cet écœurant spectacle ?
N'est-ce pas une ignominie, qu'on puisse se livrer
à de pareilles atrocités dans les écoles du gouver-
nement ?

Et dire qu'il y a en France et à Paris des sociétés protectrices des animaux !

A quoi servent-elles donc ?

A empêcher les hommes, souvent plus brutes que leurs bêtes de trait, à frapper durement celles-ci, et ces mêmes sociétés laissent des hommes de science, armés de leurs diplômes, accomplir des infamies sans nom !

Du reste, l'École d'Alfort est très renommée pour la cruauté de ses expériences vivisectrices ; dans une lettre à M. Virès, le Dr Louis Combet, de la Faculté de Montpellier, disait : « Grâce à cette École (1), on voit ce que j'ai signalé à M. le Ministre et que M. le Dr Carrier et d'autres ont signalé aussi avant moi : l'autorisation, dans les Écoles de Lyon et d'Alfort, de pratiquer sur un même CHEVAL VIVANT, SOIXANTE A QUATRE-VINGTS OPÉRATIONS !

« Les faits se seraient passés en 1884 ; ils ont été signalés *officiellement* en 1885 ; mais M. Develle, sans enquête sérieuse, croit devoir les démentir ! »

Le récit que nous venons de faire, d'après le docteur anglais Murdoch, prouve bien que M. le Ministre Develle a pu se tromper.

Il y a quelques années encore, bien des per-

(1) A l'Ecole vivisectrice.

sonnes honorables et instruites pouvaient être divisées sur l'utilité de la vivisection au point de vue scientifique et au point de vue philosophique : aujourd'hui, on n'a plus le droit de l'être, surtout quand on sait ce qui se passe dans les laboratoires de physiologie.

Nous savons bien que les vivisecteurs diront que les animaux ne sont pas des hommes et que l'on peut être insensible aux souffrances des bêtes et malgré cela être très humain, très sensible pour son semblable et souffrir pour ainsi dire avec lui. Nous répondrons que cela nous paraît impossible ; quand on est insensible, cruel, même envers les animaux, il est bien difficile d'être bon envers l'homme ; car avec une inscription célèbre nous dirons (1 : « Dieu ne nous a pas donné deux âmes, une cruelle pour les bêtes, l'autre bienveillante pour les hommes. Entre la brutalité envers la bête et la cruauté envers l'homme, il n'y a d'autre différence que la victime. La cruauté envers les animaux rend invariablement, et du même coup, le cœur insensible aux souffrances de l'homme. »

Rien de plus juste, et les pauvres malheureux obligés d'aller se faire soigner dans les hôpitaux ne sont que trop imbus de l'idée qu'ils vont se

1) Inscription placée sur la porte du pavillon des sociétés protectrices des animaux à l'Exposition universelle de 1878.

trouver en face de médecins sans cœur, qui vont leur faire subir des expériences pour le plus grand profit de la clientèle payante : de là cette répugnance invincible qu'a l'indigent d'entrer à l'hôpital : il sait trop ce qui l'y attend, et les abus sont si graves que bien souvent les journaux sont obligés de s'élever contre et de dire que les animaux ne sont pas souvent des sujets suffisants d'étude.

Les bons docteurs sont donc obligés de se servir de l'homme, et, comme ils ne peuvent expérimenter sur leur clientèle payante, ils *travaillent* à l'hôpital; c'est là où ils expérimentent Or, quelle que soit l'excellence d'une méthode, on doit protester hautement des essais faits dans les hôpitaux. Tous les hommes de cœur doivent défendre les pauvres malheureux qui gémissent sur les lits de l'Assistance publique.

Nous nous rappelons que, dans le temps, certains journalistes ont beaucoup clamé contre Paul Bert administrant le chloroforme à des malades, grâce à la complaisance d'un chirurgien des hôpitaux de Paris. Dans l'essai en question, les malades ne couraient aucun danger : mais, dans d'autres essais il n'en est pas de même. On nous dira : mais si le malade y consent, on n'a rien à dire. C'est là un faux raisonnement, car nous estimons que l'homme ne doit pas, n'a pas le droit de se prêter à des expériences qui peuvent mettre sa vie en danger.

de même qu'il n'a aucun droit au suicide. Sa santé et sa vie ne lui appartiennent pas.

Mais voilà, les matérialistes ne peuvent ainsi raisonner, car pour eux tout est matière, tout est pourriture, tout est donc susceptible de servir d'expériences. Cependant, on se rappelle encore, à l'École de médecine de Paris, un fait d'une gravité exceptionnelle, qui prouve au moins que tous les physiologistes, même M. Paul Bert, dont il vient d'être question, n'admettent pas qu'on puisse pratiquer des expériences aussi dangereuses sur son prochain.

Voici le fait qui a produit une profonde sensation parmi les membres du corps médical :

Le grand vivisecteur P. Bert s'éleva un jour, en pleine Faculté, contre le crime d'un jeune confrère lors de la soutenance d'une thèse d'un concours d'agrégation.

Le candidat, pour étudier avec toute la précision désirable la marche d'une maladie contagieuse, ne trouva rien de mieux, de plus *pratique* que d'inoculer à un sujet sain et bien portant un virus pestilentiel, risquant ainsi de compromettre à jamais la santé et la vie même d'un docile sujet ayant, par besoin d'argent, accepté l'expérience.

Et ce fait-là n'est pas isolé. Il est connu parce que le jeune docteur avait eu le cynisme de l'avouer

en pleine Faculté; mais combien de faits ignorés
qui sont aussi révoltants !

En voici un entre mille : Nous avons connu un
ouvrier tapissier, dans le V⁰ arrondissement de
Paris, qui recevait 5 francs par jour d'un médecin pour ne rien faire, mais à la condition de boire
tous les jours des doses de plus en plus fortes
d'absinthe; le *bon* docteur voulait étudier les effets
désastreux de ce poison sur l'organisme humain.
Le pauvre diable qui se sacrifia était malade et
souvent sans travail. Peut-on dire qu'il a pu traiter
librement de son corps ? Peut-on dire aussi qu'il
avait le droit de se soumettre à de telles expériences ? Et le médecin n'a-t-il pas outrepassé, au
delà de toute expression, les droits de la science ?

Les médecins pourront affirmer que de pareils
marchés sont permis, mais les honnêtes gens et la
morale soutiendront le contraire. Ils diront avec
nous que le pauvre diable, qui succomba au bout
de quatorze mois, commit un véritable suicide.

Les physiologistes nous disent que ces expériences sont utiles à la science. Non, elles ne le
sont pas : elles sont intéressantes pour le médecin
sans cœur ni âme, mais en quoi profitables ?

Qu'importe, en effet, qu'un individu succombe
suivant son état de santé ou son tempérament, au
bout de quatorze, quinze ou seize mois, au poison
de l'absinthe ? Cela n'est d'aucune utilité. Il n'est

pas nécessaire d'être un grand savant pour supposer qu'un individu qui s'ingurgite chaque jour du poison finira par succomber dans un laps de temps plus ou moins long suivant sa constitution et la dose ingurgitée.

Nous disons, nous. que le physiologiste n'a pas le droit de dégrader l'homme, d'en faire une chose, une machine à expériences : il n'a pas le droit non plus de sacrifier des hécatombes d'animaux dans le même but.

Ainsi donc, au triple point de vue de la science, de la philosophie et de la morale, la vivisection est condamnée : nous n'insisterons plus dans le chapitre suivant que sur ce dernier point, qui est, d'après nous, le plus important.

CHAPITRE XIV

LA VIVISECTION AU POINT DE VUE DE LA MORALE

La morale réprouve les expériences vivisectrices, parce qu'elle les trouve illégitimes ; elle doit les interdire à tous ceux qui ont une conscience, et l'on peut dire que ceux qui font de la vivisection n'ont ni conscience ni morale.

Mais la morale, qu'est-ce donc pour le matérialiste ? Est-ce que cette chose existe ?

Est-ce qu'elle a son existence propre ?

Les *grands* physiologistes ne l'admettent pas plus que l'existence de l'âme, car ni l'une ni l'autre ne peuvent être disséquées à l'aide du scalpel !

Mais comme pour les honnêtes gens la morale existe, c'est en son nom que nous pouvons dire aux physiologistes : « Vous n'avez pas le droit de torturer de pauvres animaux, des frères inférieurs en quelque sorte dans l'échelle des êtres. Vous en avez seulement le pouvoir, parce que vous êtes les plus forts » : mais c'est là un mauvais argument. Aussi les physiologistes y substituent celui-ci, qui est leur grande excuse :

Puisque la nature produit des animaux malfaisants, l'homme a bien le droit de détruire ces animaux : ensuite n'utilise-t-il pas pour sa nourriture un grand nombre d'animaux ?

Et le chasseur et le pêcheur ne détruisent-ils pas le gibier à plumes, à poils et à écailles ?

Mais ces arguments ne tiennent pas debout : ils n'ont aucune valeur, on peut les rétorquer en disant que l'homme tue l'animal malfaisant pour ne pas être dévoré par lui : c'est une question de légitime défense. Ensuite le chasseur tue pour vivre, mais il ne commet en ceci aucun acte de cruauté, pas plus que le boucher qui égorge à l'abattoir un bœuf, un mouton, un agneau !

Le vivisecteur, au contraire, qui prétend travailler pour le bien général, agit au nom de l'humanité tout entière ; il rend ainsi complices tous ceux qui ont recours à son art.

Le chasseur, s'il est brutal, cruel même, ne l'est que pour son propre compte : le physiologiste l'est pour tout le monde, aussi le monde a le droit et le devoir de lui dire : « Nous ne voulons pas, pour être guéri, que vous pratiquiez des vivisections ! »

Or, par une singulière interversion des rôles, c'est le physiologiste qui dit au public : « De quoi vous mêlez-vous ? Vous êtes des profanes, vous n'entendez rien aux questions scientifiques et seuls ont droit de parler et de prendre part à la discussion les connaisseurs ; quant à vous, hommes de rien. vous n'avez aucun titre, aucun droit pour vous permettre de porter un jugement quelconque sur les expériences de vivisection. »

Ainsi, les médecins prétendent que, dans cette affaire, *eux seuls sont compétents!*

Certes, si la question était purement scientifique, ils pourraient, à part les réserves que nous avons déjà faites. avoir raison jusqu'à un certain point ; mais, à côté de la partie scientifique, il y a la partie morale et humaine : or, si le médecin fait peu de cas de la morale, comme nous l'avons vu précédemment, nous pouvons bien lui dire que c'est lui qui n'a ni compétence, ni qualité pour juger, ni surtout l'impartialité nécessaire.

La vivisection. nous le savons maintenant, démoralise l'homme qui la pratique : comme preuve de cette affirmation, nous mettrons sous les yeux de nos lecteurs l'opinion d'un Allemand sur ce qu'elle a produit en Allemagne. On ne pourra donc nous accuser de partialité.

Voici ce qu'écrit M. Ernest von Weber dans un opuscule que nous avons eu déjà l'occasion de mentionner (1) :

« Dans la deuxième partie du volume des *Dis-*

______

(1) *Les Chambres de torture de la science*, par Ern. von Weber, traduit par Mme Elpis Melena ; Paris. 1880, pp. 73 et 74.

sertations scientifiques de Frederich Zöllner, professeur d'astronomie physique à l'université de Leipzig, membre de l'Académie des sciences, etc.. on peut lire un article sur *la Liberté de la science et la nécessité d'une renaissance morale de l'esprit allemand*, dans lequel le célèbre astronome et mathématicien condamne d'une manière si absolue les crimes de la vivisection et critique si vertement le directeur de l'Institut physiologique de Berlin, le professeur Du Bois-Reymond, que je ne saurais assez attirer l'attention de mes lecteurs sur cet excellent ouvrage. La voix d'un des savants les plus illustres de notre Université ne retentira pas en vain ! Avec une logique serrée, M. le professeur Zöllner montre d'où vient l'abrutissement moral (1) toujours croissant, que le professeur Du Bois-Reymond constate avec un amer regret et blâme chez nos jeunes étudiants en médecine. Il prouve en même temps, avec une éloquente clarté, que M. Du Bois-Reymond, le défenseur si zélé de la vivisection, est un « parfait ignorant en ce qui touche les rapports de cette pratique avec la médecine », et il ajoute : « Pour qu'on ne nous reproche plus, à nous Allemands, comme on l'a fait jusqu'ici, d'être des *idéalistes* peu pratiques, quand il s'agit de porter remède

(1) *Die Sittliche verwilderung.*

à un mal positivement constaté, je proposerais
volontiers, dès que la Diète aura voté la loi contre
les excès de la démocratie sociale, de lui soumettre
une loi nouvelle dont le seul article serait celui-
ci : « La vivisection dans les instituts physiologiques est interdite dans tout l'empire d'Allemagne. »

« Je suis fermement convaincu de la nécessité
morale et scientifique d'une telle loi. Si le sentiment moral s'émousse dans ce domaine-là, l'ins-
tinct moral disparaîtra du même coup dans
d'autres domaines. »

Bien que venant de l'Allemagne, nous devons
prendre ces sages conseils en grande considération, car ils le méritent à tous égards.

Dès lors, il devient nécessaire de demander, en
France, l'abolition des expériences de vivisection,
et cela malgré les criailleries et les réclamations
des vivisecteurs, car il est bien évident que la
conscience publique, c'est-à-dire le sentiment moral de la majorité des personnes éclairées, prime
les droits de l'individu, qui fait partie d'une coterie : celle-ci serait-elle tout à fait privilégiée par
une haute situation scientifique.

Or, il n'est pas hors de propos de répéter encore
ici : mais la vivisection est-elle bien une science ?
Jusqu'ici, rien ne le prouve, rien ne peut l'affirmer, et nous pouvons dire, avec le Dr Garth Wil-

kinson 1), que la vivisection n'est qu'une « viola-
tion », parce que l'éminent auteur anglais la considère comme un viol sur la nature, en ce sens
qu'elle tente d'arracher violemment et tout de suite
ce que la nature ne saurait accorder, qu'après un
long temps et après des études patientes et réflé-
chies.

Donc, au triple point de vue de la science, de la
philosophie et de la morale, la vivisection est condamnée sans appel possible par les médecins et
les physiologistes eux-mêmes, par les philosophes
et les moralistes, enfin par tous ceux qui sentent
en leur cœur un peu de cette sensibilité et de cette
charité qui sont ce que l'homme a de meilleur
en lui.

(1) L'auteur de *The Human Body and its Connection
with Man*, etc.

CHAPITRE XV

CONCLUSION

Tous les systèmes fondés
sur la physiologie expérimentale sont faux.

NÉLATON.

Nous voici à la fin de la tâche que nous nous
étions imposée ; il ne nous reste qu'à résumer les
points principaux et à en tirer des conclusions générales, afin de permettre au lecteur de saisir d'un
coup d'œil l'ensemble de notre travail.

C'est ce que nous allons faire.

Nous avons vu que, de l'avis des physiologistes
les plus compétents, il résulte que les expériences
de vivisection ont plutôt nui que profité à la
science ; tous ou presque tous les plus éminents,
les plus célèbres d'entre eux, l'ont déclaré formellement.

Nous avons mentionné l'opinion d'un grand
nombre de docteurs, et combien plus longue eût
été la nomenclature, si nous avions pu la donner à

peu près complète : mais il faut savoir se borner !

Cependant, en dehors des citations dont sont émaillés les divers chapitres de notre étude, quelques citations topiques méritent, par leur importance exceptionnelle, de prendre place dans cette conclusion.

Ainsi Charles Bell nous dit :

« La confusion est un fléau de la science, et c'est là le résultat de la vivisection qui saute le plus aux yeux. »

Sir Thomas Watson a écrit : « On ne peut tirer absolument aucune conclusion de quelque utilité pour *les hommes* de toutes les expériences faites avec des drogues et des poisons sur les animaux. »

La même déclaration a été faite par le Dr Pritchard, professeur d'anatomie à l'École vétérinaire royale de Londres.

Voici l'opinion du Dr Garth Wilkinson : « C'est peu de dire que la vivisection n'a été d'aucune utilité ; loin de là, elle a été extrêmement désastreuse et n'a fait que détourner du traitement des maladies vers de mauvais sentiers et de mauvaises voies. C'est une déception comme moyen de progrès scientifique.

Il semble qu'on ne saurait être plus explicite. Écoutons cependant d'autres opinions, toujours venant de praticiens distingués : nous les laissons parler: on ne pourra ainsi nous accuser d'inventer des arguments en faveur de la cause que nous défendons.

Sir William Fergusson, l'éminent chirurgien anglais dont nous avons déjà parlé, a déclaré, dans un rapport devant la commission anglaise de chirurgie, et cela dès l'année 1876, « qu'il ne pouvait nommer un seul progrès pratique, soit en chirurgie, soit en médecine, qui fût dû à des expériences sur les animaux vivants... »

Voilà quelques témoignages de quelques physiologistes anglais : passons aux Français. Le Dr Brown-Séquard, d'origine anglaise, né à l'île Maurice, croyons-nous, mais de parents français, nous servira de transition. Ce physiologiste, disciple de Claude Bernard, dans un discours prononcé en août 1877, avouait lui-même que « la vivisection a enseigné sur les fonctions du cerveau une foule d'erreurs, et ces erreurs n'ont pu être rectifiées par des observations cliniques faites sur l'homme. »

A quoi sert donc la vivisection?

Nous le demandons pour la centième fois !

Un autre vivisecteur français, Longuet, confirme les paroles de Brown-Séquard, dans son *Anatomie et Physiologie du système nerveux :* « Mais les résultats, dit-il, n'étant pas uniformes chez les animaux de diverses espèces, il est urgent, pour éclairer la question, d'avoir recours aux faits pathologiques recueillis sur l'homme lui-même. »

Pourquoi donc sacrifier des milliers d'animaux !

Le grand Nélaton affirmait un jour devant ses élèves qu'on pourrait écrire « un livre curieux sur les opinions discordantes des physiologistes fondées sur les mêmes faits. » Il déclare comme faux et illusoire tout système basé sur les expériences soi-disant physiologiques.

« Rien. ajoute-t-il, ne peut remplacer l'observation directe sur le malade. »

Et l'illustre Magendie ne disait-il pas, quelques jours avant de mourir, qu'aucun docteur n'appellerait à son lit de maladie « un médecin qui aurait puisé ses connaissances dans la pratique de la vivisection. car c'est une source d'erreurs nombreuses. »

Pourtant Magendie est considéré par les vivisecteurs comme l'un des pères de la vivisection : on voit qu'à la fin de sa vie il reconnaissait ses torts.

Dans une discussion au sujet de la vivisection, discussion qui occupa trois séances à l'Académie de médecine et à laquelle prirent part Moquin-Tandon. Parchappe et Dubois d'Amiens, ce dernier disait (1) : « Je n'hésite pas à reconnaître que

_____

(1) Voir _Annales de l'Académie de médecine de Paris_, année 1863.

la pratique des vivisections a été introduite là où l'on pouvait s'en dispenser. Je dis que l'enseignement de la physiologie doit être purement oral, que la parole suffit pour l'exposition des faits. Je demande qu'on supprime la vivisection dans l'enseignement de la physiologie.

« Ce que je n'approuve pas, parce que je regarde cela comme une chose insensée, c'est cette prétention de faire naître à volonté chez les animaux toutes les fièvres graves observées dans l'espèce humaine, de transporter la clinique médicale sur une table à vivisection.

« Je demande qu'on supprime les opérations sur les chevaux vivants dans les écoles vétérinaires. On m'objecte que des membres de la Société protectrice des animaux ont assisté à ces opérations et ont été satisfaits. Si la Société protectrice des animaux approuve et prend sous sa tutelle ce qui se passe à Alfort, que puis-je dire? Déjà, j'avais appris avec quelque étonnement que cette Société compte parmi ses membres des vivisecteurs de profession : mais, si c'est ainsi qu'elle protège les animaux, je n'ai plus qu'à me voiler la face. »

Et plus loin, il ajoute : « Ce serait une dérision de s'en rapporter aux vivisecteurs eux-mêmes pour la mesure qu'il convient d'apporter dans ce genre de démonstration... Si l'Académie n'eût prêté l'oreille qu'à certains savants, elle aurait laissé

ensanglanter toutes les chaires professorales et jusqu'à cette tribune où je parle en ce moment : on
l'a, du reste, tenté plus d'une fois...

« A certaines heures, Messieurs, il en est des
grandes assemblées comme des simples particuliers : si elles obéissent à de nobles sentiments, à
de nobles mouvements, ce sont autant de souvenirs
qui restent dans leur histoire, et la vôtre aura une
belle page, si vous vous conformez à cette loi
des êtres intelligents qui veut que l'on soit acces-
sible à la pitié. » Après ce que nous avons dit
sur les expériences qui se pratiquent à Alfort,
nous trouvons plus qu'étrange « que la Société
protectrice des animaux approuve ce qui s'y
passe. »

Nous avons dit, en effet, qu'aux Ecoles vétérinaires de Lyon et d'Alfort, on pratiquait jusqu'à
quatre-vingts opérations sur le même animal : nous
avons ensuite mentionné, d'après le D⟨r⟩ Murdoch,
les atroces expériences qu'il a vu pratiquer sur une
petite jument alezane. Aussi pouvons-nous bien
dire que la Société protectrice des animaux a
ignoré ces faits monstrueux, ou bien encore que
les membres délégués à Alfort ne devaient être que
des vivisecteurs, intéressés dès lors à trouver parfait
tout ce qui se passe dans ce laboratoire de forfaits
et de tortures.

Dans une conférence faite le 7 août 1887,

Mme Marie Huot, en mentionnant les extraits du beau discours que nous venons de relater, Mme M. Huot ajoutait : « M. Dubois d'Amiens occupait alors une situation considérable dans le monde savant : il était secrétaire perpétuel de l'Académie de médecine.

« N'ayant pu obtenir de la docte compagnie un vote conforme à ses propositions, ayant de plus été l'objet, à cette occasion, de rancunes de certains de ses collègues intéressés à étouffer sa voix, M. Dubois d'Amiens crut devoir donner sa démission et descendre de son fauteuil académique en honnête homme qu'il était, aimant mieux renoncer aux dignités de sa charge qu'à sa dignité personnelle.

« Ce noble exemple d'un savant, sans peur et sans reproche, luttant au nom de sa conscience et de l'humanité contre les procédés barbares d'une science insouciante de la morale et de la civilisation, restera éternellement à la gloire de la médecine française. »

On ne saurait, sans les atténuer, rien ajouter à des pensées aussi justes et aussi noblement exprimées : disons encore cependant que les caractères de cette trempe sont si rares à notre époque qu'on ne saurait trop les admirer.

Poursuivant notre revue, nous voyons que le Dr Legallois, dans son ouvrage sur la circulation du sang et le système nerveux, avoue « qu'il obtenait par la vivisection des résultats si contradictoire, qu'après de grands efforts pour gagner la lumière sur des points obscurs, il se décida à abandonner la pratique de la vivisection, non sans regret pour le temps perdu et pour les animaux qu'il avait *inutilement sacrifiés*. »

Rappelons ici, pour mémoire, qu'un grand vivisecteur dont nous avons parlé avait sacrifié quatre mille chiens pour prouver un fait et qu'il en sacrifia quatre mille autres pour se prouver qu'il s'était trompé (1).

Le docteur May a écrit ceci qui paraît tout à fait concluant : « Sans hésitation. j'accuse les vivisecteurs de dégrader notre noble profession aux yeux de l'humanité. Ma longue vie a été heureuse jusqu'ici, mais elle est maintenant remplie d'amertumes par les choses qui se passent sous le nom de *Science !* »

Et il ajoute : « Si encore je pouvais avoir l'espoir que le public chrétien, ayant la conscience éveillée. viderait cette question par l'ABOLITION TOTALE. »

Encore quelques lignes et nous avons fini.

Le docteur Magni, ancien directeur de l'école d'Alfort, après avoir analysé l'ouvrage de Magendie,

(1. Voir *suprà*, p. 38.

affirme qu'aucune de ses expériences, aucun de ses résultats obtenus, ne peut être considéré comme utile ou comme ayant fourni à l'homme un bénéfice proportionné aux souffrances qu'il a causées.

En avons-nous assez mentionné, des opinions de vivisecteurs ? Nous le pensons, car, bien qu'il soit intéressant de voir ainsi formulés par les maîtres leurs avis sur la question, nous estimons en avoir dit assez pour prouver l'inutilité de cette soi-disant science, qui n'a rien, absolument rien fourni de certain, si ce n'est... des erreurs ; mais, même en admettant que ces expériences aient été le point de départ de quelques découvertes, il ne faudrait pas oublier que la maxime *la fin justifie les moyens* ne peut être admise par les honnêtes gens ; et rien au monde n'autorise l'homme à martyriser des êtres qui n'ont pas été créés pour l'infâme usage qu'en font Messieurs les physiologistes.

Et comme le fait remarquer justement l'auteur anonyme d'une brochure(1) :

« L'homme n'a pas le droit d'être sauvé au prix de qualités qui seules l'élèvent. Or, ce qui élève l'espèce humaine, ce n'est pas le savoir, mais la bonté. Sans celle-ci, le savoir ne fait que l'entraîner dans des abîmes... Nous avons le droit de dresser

(1) *De la Ligue contre la vivisection*, par un Anglais. p. 23. 1 br. in-8. Paris. 1879.

et d'employer les animaux... Nous avons aussi le droit de détruire ce qui est tout à fait nuisible dans le monde animal, comme dans tout autre ; car c'est la haute fonction de l'homme de délivrer la terre des maux de toute sorte. Mais nous n'avons pas le droit d'infliger des misères et des tortures à d'autres pour notre plaisir et notre profit. »

Donc, la vivisection n'étant d'aucune utilité et cela *de l'avis même des plus éminents physiologistes*, il y a lieu d'en poursuivre par tous les moyens son abolition totale par la plume, par la parole et par tout autre moyen.

Il faut donc commencer par demander sa suppression dans le haut enseignement : d'autant que, la science progressant de jour en jour, nous sommes intimement convaincu avec les hommes avancés que par un moyen quelconque, par l'étude bien dirigée de l'hypnotisme ou de la suggestion, on arrivera à des résultats beaucoup plus certains pour guérir les maladies et étudier la thérapeutique, que par la vivisection qui, nous l'avons vu, endurcit le cœur de l'homme et en fait une brute insensible, ce qui nuit considérablement au progrès humain.

Ce qui fait l'homme grand, qui l'élève au-dessus des autres animaux, qui le fait en un mot *Roi de la création* et le console des misères de l'existence, c'est la bonté, c'est la charité, c'est l'altruisme : or, la vivisection l'éloigne de toutes ces nobles qualités : c'est pour cela que nous partageons entièrement l'avis du docteur anglais F.-P. Cobbe, qui dit avec raison :

« Nos jours sont comptés et, sans faire tort à la médecine, on peut dire qu'elle ne saurait faire beaucoup pour les prolonger. Ce *peu* vaut-il bien les indicibles tortures de centaines de millions d'animaux ?

« Qui voudrait acheter à un tel prix sa guérison ou quelque adoucissement à ses souffrances ? »

Puis, comme le dit M. Jesse : « Jamais la science ne pourra fournir des armes suffisantes pour délivrer les hommes des conséquences de la folie, du vice, de l'ignorance, de la malpropreté qui sont cause de la plupart de nos maladies. Torturer des animaux pour échapper au châtiment naturel de nos propres vices et de nos propres fautes est un moyen déraisonnable et immoral : de cette manière, nous cherchons à détruire les effets, mais non les causes. L'abrutissement, la dégradation de l'esprit que produit l'habitude de telles cruautés ont à leur tour les conséquences les plus funestes à bien d'autres points de vue. »

Il y a même lieu de se demander si les maladies et la mortalité sont moindres depuis les soi-disant découvertes de la vivisection. Non !

L'hygiène mieux connue et mieux appliquée,

l'alimentation d'eau pure, l'usage des filtres dans les campagnes et dans les villes, une somme plus grande de bien-être due à l'industrie et à la prospérité publique, tels sont les facteurs de la longévité humaine au seuil du xxᵉ siècle et de la diminution des maladies et des épidémies.

Un jour même, l'humanité, ayant beaucoup progressé, n'aura plus besoin ni de médecine, ni de pharmacopée : médecins et pharmaciens auront vécu.

Les réflexions qui précèdent, sur les lois de l'hygiène mieux observées, nous paraissent un des meilleurs arguments contre la vivisection et devraient faire supprimer ces énormes hétacombes d'animaux, hétacombes qui, au dire des physiologistes mêmes, ne servent à rien ; nous pensons l'avoir démontré d'une façon assez éclatante pour ne plus avoir à y revenir.

Notre pays est considéré, à juste titre, comme une des nations les plus civilisées du monde ; elle ne doit donc pas rester en arrière du mouvement antivivisectionniste qui se produit dans toute l'Europe : elle doit au contraire précéder le mouvement et donner l'exemple ; mais il n'est que temps : encore quelques années et nous serons distancés largement.

Nous nous disons civilisés ; nous le sommes en effet, si la civilisation consiste uniquement à possé-

der un art élevé, à avoir des relations fréquentes
avec ses semblables, à faire de la musique, à dan-
ser, à cotillonner, etc , etc. : si cet ensemble de
rapports sociaux constitue une haute civilisation,
nous sommes très civilisés, mais nullement
moraux ; or c'est la moralité qui sera un jour le
critérium des grandes et véritables civilisations.

En sommes-nous arrivés à ce degré ?

Nous ne le pensons pas !

Si nous étions tant soit peu moraux, nous ne
dépenserions pas annuellement des milliards pour
organiser des boucheries d'hommes : nous ne verrions pas des boursicotiers volant des millions à
la Bourse et donner ensuite quelques milliers de
francs pour les pauvres ; nous ne verrions pas
enfin des charlatans, des faiseurs, des sauteurs de
tremplin et des estradiers se faire de gros revenus
en exploitant la vivisection et démontrer ainsi que
l'art de torturer des lapins rapporte beaucoup plus
que celui de les élever.

Et cependant, malgré tout le bruit fait autour
des virus actifs ou atténués, on n'est pas parvenu
à débarrasser certaines parties de l'Australie des
bandes innombrables de lapins qui dévorent sa
brillante végétation et cela malgré la forte prime
promise à l'inventeur d'une découverte destructive.

Nous sommes démoralisés, et la démoralisation
est d'autant plus grande et ses progrès d'autant

plus rapides, qu'elle part de plus haut, qu'elle puise ses origines dans nos institutions de haut enseignement, dans nos Académies. Ce sont ces établissements qui devraient démontrer au contraire que la moralité est pour les nations le plus précieux des biens et que tôt ou tard périssent dans d'effroyables convulsions celles qui l'ont oublié.

Mais, que peut-on attendre de nos savants enfoncés dans la matière, dans le *néantisme;* d'hommes ne voyant dans la bête humaine qu'un fumier ?

Heureusement pour l'humanité, il y a, à côté des savants physiologistes de nos Facultés, des hommes qui pensent qu'au-dessus de la science, de l'art et des formes religieuses, il y a la VÉRITÉ et la MORALE ÉTERNELLES, hors desquelles il n'y a pas de salut, mais sur lesquelles peuvent se reposer, comme sur une base inébranlable, le PROGRÈS HUMAIN, et c'est lui qui abolira certainement ce monstrueux crime du XIXe siècle qui se nomme : VIVISECTION.

FIN

TABLE DES CHAPITRES

CONTENUS DANS CE VOLUME

Tours, imp. E. Arrault et Cie, 6, rue de la Préfecture.

OUVRAGES DU MÊME AUTEUR

ARTS

**Dictionnaire raisonné d'architecture et des sciences et
arts qui s'y rattachent.** — 4 vol. gr. in-8° jésus d'environ 550 à 600 pages chacun, et contenant environ 4,000 bois dans le texte, 60 gravures à part et
40 chromolithographies. Paris, Firmin-Didot et
Cⁱᵉ, éditeurs, 1879-1880 ; 2ᵉ édition, 1882-1883.

Cet ouvrage est la synthèse de tout ce qu'on peut
dire et écrire sur l'Architecture de tous les temps et de
tous les peuples : aussi aujourd'hui se trouve-t-il dans
toutes les grandes bibliothèques parmi les œuvres les
plus classiques.

Dictionnaire de l'Art, de la Curiosité et du Bibelot. —
1 vol. gr. in-8° jésus illustré de 709 gravures intercalées dans le texte, 35 pl. en noir et 4 en couleur,
broché. (*Épuisé.*)

Nous lisons dans la *Chronique des Arts et de la Curiosité* l'article suivant sur ce nouvel ouvrage :

« Dans l'introduction qui précède son ouvrage,
M. Bosc passe en revue les collectionneurs anciens et
modernes : après avoir établi que les véritables ancêtres
de l'*Amateur* sont originaires de la Grèce, il s'efford

de démontrer que les Romains collectionnaient un peu
à tort et à travers par ostentation et sans avoir réellement le goût des beaux objets. Cette appréciation à
propos d'un peuple à qui nous devons tout au moins
la conservation de beaucoup de chefs-d'œuvre et de
traditions excellentes qui auraient probablement péri
s'ils n'avaient pris soin de les recueillir *per fas et nefas*,
cette appréciation nous semble un peu sévère, mais ce
n'est pas ici le lieu de la discuter.

« Des Romains, M. Bosc saute aux Francs et aux Mé-
rovingiens, dont nous savons bien peu de chose : puis,
parcourant les années qui suivirent, il passe brièvement
en revue les inventaires célèbres des xiv⁰ et xv⁰ siècles,
documents remplis de mélancolie : ils entretiennent le
souvenir de tant de richesses disparues!

« Le xvi⁰, le xvii⁰ et le xviii⁰ siècles nous ont laissé
plus que des souvenirs, et l'on n'a qu'à choisir parmi les
cabinets illustres. Quant au xix⁰ siècle, on sait où
nous en sommes : la manie de la collection, la *Curiosité* fait rage : pour s'en convaincre, il suffit de jeter
les yeux sur la liste dressée par l'auteur, des principaux
collectionneurs du moment : c'est un petit *Bottin*.

« L'ouvrage de M. Bosc est appelé à rendre de
grands services à toutes les personnes qui ont la curiosité éveillée du côté des choses de l'art, autant dire à
tout le monde par le temps qui court.

« Quant aux amateurs fortunés qui peuvent donner à
leurs passions des satisfactions moins platoniques, ils
trouveront là une mine inépuisable de renseignements
précieux : la description, l'histoire, la fabrication de
tous les objets collectionnables et, détail inappréciable,
le coût de certains échantillons de marque qui ont
passé dans des ventes célèbres.

« Quant aux illustrations qui accompagnent le texte, elles ont un intérêt tellement topique en pareille matière, qu'il serait superflu d'en signaler l'importance.

« L'image donne des renseignements que la plume est impuissante à fournir. Une description peut ravir un amateur : si bien écrite qu'elle soit, elle ne déterminera pas à acheter. Des planches soignées ne disent pas tout assurément, mais elles remplissent une des conditions du critérium dont les saints Thomas de la curiosité n'ont garde de se départir : elles permettent de voir : voir, c'est presque toucher.

« Le talent de M. Ernest Bosc, simple et méthodique, convient parfaitement à ce genre d'ouvrages ; par ses dictionnaires antérieurs, il a mis à la portée de tous ceux qui savent lire l'Architecture et l'Archéologie ; sa nouvelle publication va rendre le même service à la vulgarisation de l'Art et des objets qui en dérivent. Nous doutons d'autant moins de son succès que la faveur du public ne lui a jamais manqué, alors qu'il traitait des sujets plus austères. Et puis, ce livre arrive à propos, ce qui est une fortune rare.

Il est presque inutile d'ajouter que MM. Firmin-Didot ont fait, du *Dictionnaire de l'Art*, un très beau livre : leur nom se recommande de lui-même auprès des lecteurs qui apprécient les impressions soignées, les éditions bien comprises. »　　　　A. DE L.

Traité des Constructions rurales. — 1 vol. in-8° jésus, de XIII-509 pages, accompagné de 576 figures intercalées dans le texte ou hors texte. Paris, Vᵉ A. Morel et Cⁱᵉ, éditeurs, 1875.

Des Concours pour les monuments publics. — Brochure in-8°. Paris, Jouaust.

10

Les Ivoires. — Brochure in-16 illustrée de 23 bois dans le texte. Paris, Librairie de l'Art.

SCIENCES

Dictionnaire général de l'Archéologie et des Antiquités chez les divers peuples. — 1 vol. in-8° de v111-576 pages, illustré de 450 gravures sur bois. Paris. Firmin-Didot et Cie, éditeurs, 1881.

Cet ouvrage est indispensable à tous ceux qui s'occupent d'archéologie.

Il embrasse en effet dans son ensemble, l'archéologie de tous les temps et de tous les peuples : Inde, Égypte, Grèce, Rome, Étrurie, France, etc., etc.

C'est un ouvrage manuel des plus commodes et des plus pratiques pour le travailleur.

On peut le consulter dans toutes les bibliothèques publiques, et l'acheter dans toutes les grandes librairies de la France et de l'étranger.

Traité complet de la Tourbe. — 1 vol. in-8° avec figures. Paris, J. Baudry, éditeur, 1870.

Traité complet théorique et pratique du Chauffage et de la Ventilation des habitations privées et des édifices publics. — : vol. in-8° jésus, de 562 pages,

avec 250 figures intercalées dans le texte. Paris,
Ve A. Morel et Cie, éditeurs, 1875.

Etudes sur les Chaussées dans les grandes villes. —
Brochure in-8". Paris, J. Baudry, éditeur, 1874.
(*Épuisé.*)

**Du Chauffage en général et plus particulièrement du
Chauffage à la vapeur et au gaz hydrogène. —** Conférence faite à la Société centrale des Architectes, le
20 janvier 1875. Brochure in-8°. Paris, Ve A. Morel et Cie, éditeurs, 1875. (*Épuisé.*)

Etudes sur les Hôpitaux et les Ambulances. — Bro-
chure in-8° avec figures. Paris, Ve A. Morel et Cie,
éditeurs, 1876. (*Épuisé.*)

Aérage et assainissement des grandes villes. — Bro-
chure in-8", avec figures. Paris, Ve Morel et Cie, éditeurs, 1876. (*Épuisé.*)

**Dictionnaire d'Orientalisme, d'Occultisme et de Psycho-
logie.** (*En préparation.*)

HISTOIRE

Histoire nationale des Gaulois sous Vercingétorix. —
1 vol. in-8° illustré de nombreuses vignettes. Paris,
Firmin-Didot et Cie, éditeurs, 1882. — Cet ouvrage
a été fait en collaboration de M. L. Bonnemère.

Voici un livre animé du souffle du plus pur et du
plus ardent patriotisme.

Nous voudrions le voir entre les mains de tous nos
jeunes concitoyens ; les renseignements qu'il renferme
seraient autrement utiles que les démonstrations mal-

saines qui sous prétexte de patriotisme ne sont que de vulgaires réclames pour des ambitions sans frein.

L'ouvrage est divisé en deux parties principales ; la première est consacrée à la *Patrie Gauloise*, la seconde à la *Guerre des Gaules :* celle-ci est une réfutation serrée des *Commentaires de César*, que jusqu'ici on a eu tort de considérer comme une œuvre véridique.

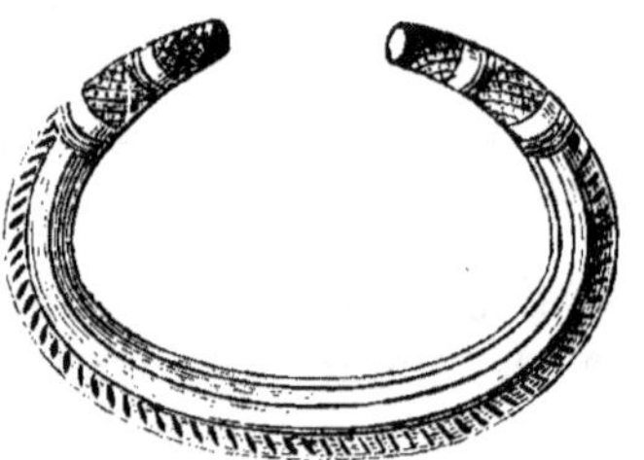

Rien n'est moins justifié que cette considération !

César en effet n'a écrit ses *Commentaires* que pour justifier les cruautés inouïes et les crimes qu'il a commis envers l'humanité, en mutilant et en brûlant nos pères, les Gaulois, et en les traitant d'une manière indigne d'un général appartenant à une nation civilisée.

Précis historique de l'Intolérance religieuse à travers les siècles. (*En préparation.*)

POLITIQUE

Crise financière, moyens pratiques de la conjurer. — Brochure in-8°. Paris, Genève et Bruxelles, 1871. (*4ᵉ édition.*)

La République devant le Suffrage universel. — Brochure in-8°. Paris, Genève et Bruxelles, 1871. (*2ᵉ édition.*)

Le Suffrage universel, l'arme à deux tranchants. —
Brochure in-8°, suivie d'un nouveau mode électoral.
Paris, Genève et Bruxelles, 1871.

PHILOSOPHIE

Isis Dévoilée *ou l'Egyptologie sacrée*. — 1 vol. in-8° de
VI-304 pages avec un portrait de l'auteur. Paris,
Chamuel et Cie, éditeurs.

Il arrive souvent que les étudiants en occultisme, fort
nombreux aujourd'hui, désirent approfondir les origines
de la tradition occidentale, mais les travaux des égyp-
tologues officiels se présentent sous un caractère trop
technique pour être de quelque utilité aux chercheurs
indépendants.

Un ouvrage en même temps clair, et bien complet,
sans être trop considérable, pratique avant tout par
conséquent, était absolument nécessaire pour ceux qui
s'intéressent à l'occultisme égyptien.

Il était difficile de remplir ce programme : c'est cependant ce qui vient d'être fait par M. Ernest Bosc
dans *Isis dévoilée*.

Ce volume de plus de 300 pages, splendidement im-
primé, renferme tout ce qu'on peut être appelé à savoir
de l'Egypte et de ses mystères. Il est d'une lecture

attrayante malgré l'érudition considérable qui y est contenue.

C'est là un véritable tour de force, dont il faut vivement féliciter l'auteur. De plus une table alphabétique très bien faite et très complète permet de considérer ce petit traité comme un véritable dictionnaire de l'ésotérisme égyptien.

La place nous est malheureusement comptée pour entrer dans les détails de l'ouvrage.

Disons simplement qu'il ne comprend pas moins de 25 chapitres répartis en trois grandes divisions.

La première : *Egyptologues, Hiéroglyphes, Ecritures, Papyrus, Livres d'Hermès*, expose l'état de la question au point de vue scientifique.

La deuxième : Religion, Mythes, Symboles, *Prêtres, Prêtresses, Juges, Cérémonie* et *Fêtes*, traite surtout le côté social et philosophique.

Enfin, la troisième : *Psychologie, Philosophie, Morale, Deuils, Funérailles, Momie, Monuments funéraires*, contient des chapitres de pur ésotérisme.

Le titre lui-même, *Isis dévoilée*, indique bien le caractère de l'ouvrage : on y traite d'égyptologie au lieu de parler de tout sans rien savoir, comme dans certains ouvrages étrangers parus sous le même titre.

Les idées contenues dans l'œuvre de l'éminent auteur du *Dictionnaire d'architecture*, du *Dictionnaire de l'Art* et de tant d'autres ouvrages, ces idées sont absolument nouvelles et inédites ; ce sont des révélations véritables sur l'occultisme oriental. C'est donc avec raison que le livre porte le titre qu'il justifie si bien. Isis a bien soulevé son voile pour notre auteur, qui a été peut-être un peu indiscret de montrer ainsi aux yeux de tous la Bonne Déesse ; en tous cas, le lecteur ne saurait se plaindre de l'indiscrétion commise à son profit.

Addha-Nari ou *l'Occultisme dans l'Inde antique.* — 1 vol. in-8° de xiv-359 pages, avec une planche en couleurs, deux vignettes. — Première édition, librairie Galignagni, Paris et Nice : deuxième édition, Chamuel, éditeur, Paris.

Il semble tout d'abord, en lisant le titre de cet ouvrage, qu'une certaine aridité, due aux entraves sans nombre qui multiplient les difficultés autour des sciences antiques, règnera dans le livre ; nous sommes porté à croire qu'une très grande érudition est nécessaire sinon pour comprendre du moins pour lire attentivement une œuvre traitant de questions si importantes, si peu étudiées jusqu'ici et, il faut bien l'avouer, si souvent mal interprétées.

Ce n'est pas sans une appréhension de ce genre que nous avons feuilleté, d'abord négligemment, les premières pages parlant des généralités de la civilisation indoue, mais peu à peu nos yeux ont lu moins vite, se sont attardés sur certaines phrases, notre attention s'est fixée, nous avons été intéressé enfin.

Nous pourrions dire que M. Ernest Bosc, en écrivant son livre, a caché, dissimulé, le côté aride de la science en la revêtant de riches couleurs, d'un style simple, élégant et charmeur. Toute la poésie de l'Inde est renfermée dans son œuvre : se donnant lui-même comme *un simple pionnier qui abat les ronces, les lianes et les broussailles obstruant la voie,* il oublie de nous dire qu'en accomplissant cette ingrate et périlleuse besogne, il nous permet d'apercevoir les cieux, ces cieux de l'Inde, si beaux, si purs et si éclatants ; ces cieux que l'imagination peut à peine concevoir. Notre auteur guide notre esprit à travers les fleurs, les lotus mystérieux et divins et nous conduit dans ce monde enchanté du symbolisme hindou et de ses merveilleuses légendes.

Embrassant, dans la troisième partie de son livre, les questions philosophiques les plus ardues, M. Bosc les traite avec une puissance de style, une vigueur d'expression et surtout une profondeur de pensée qui font le plus grand honneur à ses connaissances philosophiques et à ses sentiments humanitaires.

Les chapitres relatifs à l'immortalité, aux pérégrinations de l'âme, nous semblent surtout renfermer l'essence de ce livre, en ce qu'ils donnent les notions vraies de cette importante partie de nous-même considérée au triple point de vue philosophique, physiologique et psychologique.

La comparaison des différentes religions entre elles offrent à notre esprit des ressources multiples, en lui donnant matière à réflexions, en ouvrant toutes grandes devant lui les portes, jadis si hermétiquement closes, du temple de Vérité !

Quels enseignements féconds on peut tirer de toute cette science morale, qui ramènent au même principe, celui du bien, les différents sentiments, les idées préconçues, les antithèses générales et les pensées même les plus opposées.

C'est à l'aide de pionniers, tels que M. Bosc, que le monde, suivant sa voie à travers l'idéal, peut espérer atteindre le but si ardemment, si désespérément poursuivi jusqu'ici : la véritable Sagesse et avec elle le bonheur et la paix.

Les attaques injustes, l'esprit de parti, les réflexions jalouses ne doivent guère atteindre et n'arriveront jamais, nous l'espérons, à décourager les hardis champions qui savent entrer en lice pour défendre leurs convictions et combattre pour le triomphe d'une juste et sainte philanthropie.

Nous résumant, nous conseillons à nos lecteurs de lire cette œuvre intéressante à des points de vue divers, cette œuvre qui, selon les propres paroles de l'auteur, *ouvrira au lecteur de vastes horizons sur l'homme, sur ses facultés latentes, sur sa destinée et le rendra tel que le souhaite le Dhammapada.*

La Psychologie *devant la science et les savants.* — 1 vol. in-18 de XVIII-300 pages. Chamuel, éditeur, Paris.

Tel est le titre du nouveau livre de M. Ernest Bosc, que nous venons de parcourir hâtivement.

Sous ce titre, qui semble vouloir traiter un sujet assez aride, l'auteur de tant d'ouvrages devenus aujourd'hui classiques, fait une énumération succincte et rapide de toutes les grandes questions qui se rattachent à l'âme, mais plus particulièrement à la nouvelle force de l'âme reconnue aujourd'hui par un grand nombre de savants, force dénommée *Force Psychique.*

Voici une énumération très succincte des principales matières traitées dans la psychologie de M. Ernest Bosc : l'od et le fluide odique, la polarité humaine, le fluide astral, le magnétisme, l'hypnotisme, la suggestion, l'hypnose, la catalepsie, le somnambulisme, la clairvue, la clairaudience, la télépathie, la médiumnité, l'extériorisation, la possession, l'obsession, la force psychique, le spiritisme, les trois âmes de l'homme, la magie, la goétie, enfin l'occultisme.

Comme le lecteur peut le voir, le nouveau volume de M. Ernest Bosc est une petite encyclopédie des sciences ou plutôt de la science occulte.

Quant au style de l'auteur, nous n'avons pas à en parler, nos lecteurs connaissent déjà le style fin, élégant et précis de l'écrivain dont les œuvres les plus techniques sont lues avec autant d'intérêt qu'un roman de l'un de nos meilleurs romanciers français.

Dictionnaire d'Orientalisme, d'Occultisme et de Psychologie (en préparation).

9 782329 375151